Akmal Jumanazarov
Parakhat Matyakubova
Lazizbek Saidoripov

MÉTODOS E INSTRUMENTOS MODERNOS DE MEDIÇÃO DE NÍVEL NAS INDÚSTRIAS QUÍMICAS

Akmal Jumanazarov
Parakhat Matyakubova
Lazizbek Saidoripov

MÉTODOS E INSTRUMENTOS MODERNOS DE MEDIÇÃO DE NÍVEL NAS INDÚSTRIAS QUÍMICAS

ScienciaScripts

Imprint

Cover image: www.ingimage.com

This book is a translation from the original published under ISBN 978-620-8-17123-0.

Publisher:
Sciencia Scripts
is a trademark of
Dodo Books Indian Ocean Ltd. and OmniScriptum S.R.L publishing group

120 High Road, East Finchley, London, N2 9ED, United Kingdom
Str. Armeneasca 28/1, office 1, Chisinau MD-2012, Republic of Moldova, Europe
Printed at: see last page
ISBN: 978-620-8-31607-5

MÉTODOS E INSTRUMENTOS MODERNOS DE MEDIÇÃO DE NÍVEL NAS INDÚSTRIAS QUÍMICAS

A.R. Jumanazarov, P.M. Matyakubova,

L.F. Saidoripov

O manual descreve os princípios teóricos básicos dos métodos de medição do nível de líquidos e materiais a granel, as caraterísticas do seu funcionamento e instalação, dependendo das condições e caraterísticas do meio que está a ser medido. É apresentada uma descrição dos modernos sensores de controlo de nível, com princípios de funcionamento contínuo e discreto. É descrita uma abordagem para determinar as informações necessárias para a escolha de uma tecnologia de medição baseada na análise do processo.

Conteúdo

Introdução

Os processos tecnológicos contínuos em várias indústrias requerem frequentemente um controlo automático constante da quantidade de material acumulado, matérias-primas, líquidos e gases.

Um medidor de nível é um dispositivo concebido para determinar o nível do conteúdo em tanques abertos e fechados e em instalações de armazenamento. Por conteúdo entende-se vários tipos de líquidos, incluindo materiais formadores de gás, a granel e outros. Com a ajuda de tais dispositivos, é efectuado o controlo e a regulação automáticos dos níveis de materiais líquidos e a granel, bem como a sinalização sonora e luminosa de um aumento ou diminuição do nível do ambiente controlado. Os indicadores de nível podem ser utilizados como dispositivos independentes ou como parte de um sistema automático de controlo e/ou monitorização [1, 2].

Os medidores de nível são por vezes designados por sensores/detectores de nível ou transdutores de nível. No entanto, a principal diferença entre um medidor de nível e um interrutor de nível é a capacidade de medir gradações de nível, e não apenas os seus valores-limite. Na produção industrial, existem atualmente vários meios técnicos diferentes que permitem resolver o problema da medição e controlo do nível.

Com base no modo de funcionamento, os conversores distinguem-se para a medição contínua do nível e para a monitorização em pontos individuais (relés de nível, interruptores de nível, alarmes de nível).

Os instrumentos de medição de nível aplicam uma variedade de métodos baseados em diferentes princípios físicos. Os métodos mais comuns de medição de nível, que permitem converter o valor do nível numa quantidade eléctrica e transmitir o seu valor a sistemas de controlo automático, incluem: métodos de contacto e sem contacto.

O método *de medição por contacto* é utilizado em qualquer ambiente e é geralmente implementado em medidores de nível capacitivos, hidrostáticos, de boia e de flutuador. Estes dispositivos são fáceis de instalar num tanque de qualquer forma e tamanho ou na sua proximidade, caracterizam-se pelo seu baixo custo, resistência mecânica, facilidade de instalação e medições fiáveis.

Os métodos *sem contacto permitem* medir o nível sem contacto direto com o meio medido e consistem em sondagem sonora (ultra-sons), sondagem por radiação electromagnética (radar, reflexo) e sondagem por radiação.

niya [3]. Estes sensores devem ser utilizados em meios agressivos, viscosos, cristalizantes e espumosos, onde existe o risco de entupimento ou corrosão dos elementos do dispositivo. O tipo mais popular deste tipo de sensor é o radar; as suas caraterísticas de precisão e desempenho são óptimas. A radiação electromagnética da gama de micro-ondas é utilizada para sondar a área de trabalho e determinar a distância ao objeto de teste. Os sensores de radar não se preocupam com as caraterísticas do líquido - por exemplo, densidade, condutividade, transparência.

Com o desenvolvimento da tecnologia de medição, cada um dos métodos adquire um conjunto caraterístico das suas implementações técnicas, que em cada caso específico apresentam vantagens e desvantagens. Recentemente, têm sido amplamente utilizados sistemas que permitem, com base em medidores de nível (completos com sensores de pressão e temperatura), medir indiretamente o volume e a massa de um produto. Os sensores para monitorizar os níveis máximos de enchimento dos tanques e os medidores de nível multifuncionais são também muito procurados. A utilização de instrumentos precisos e fiáveis permite reduzir os custos de produção e garantir a qualidade necessária da gestão dos processos de trabalho na empresa [4].

Atualmente, os fabricantes mais conhecidos de medidores de nível são:

1 KROHNE, Alemanha

2 VEGA, Alemanha

3 CJSC "Albatross", Rússia

4 Emerson Process Management, EUA

5 Siemens, Alemanha

6 Yokogawa, Japão

7 Endress+Hauser, Alemanha

8 PNP "Signur", Rússia

9 JSC "LIMAKO", Rússia

10Kontakt-1 LLC, Rússia

Ao selecionar um transmissor de nível, é necessário ter em conta as propriedades físicas e químicas do meio a monitorizar, tais como a temperatura, as propriedades abrasivas, a viscosidade, a condutividade eléctrica, a agressividade química, etc. Além disso, devem ser tidas em conta as condições de funcionamento no tanque ou na sua proximidade: pressão, vácuo, aquecimento, arrefecimento, método de enchimento ou esvaziamento (pneumático ou mecânico), presença de um agitador, risco de incêndio, risco de explosão, formação de espuma e outros. Também vale a pena considerar a fiabilidade, a qualidade e o custo dos dispositivos [5].

1 Métodos de medição de nível

A variedade de métodos de medição de nível explica-se pela variedade de tarefas para determinar o nível: vários produtos, condições, precisão, fiabilidade, custo.

Os indicadores de nível dividem-se em função do produto (substância) cujo nível é medido:

1 sensores de nível para líquidos (água, soluções, suspensões, produtos petrolíferos, óleos, etc.)

As principais dificuldades no funcionamento de dispositivos com produtos líquidos incluem [6]:

- ampla gama de temperaturas e pressão no reservatório;
- uma vasta gama de propriedades e, consequentemente, a necessidade de

"abordagem individual" do líquido;

- o trabalho é frequentemente efectuado em ambientes agressivos e tóxicos;
- é possível a corrosão das peças em contacto com o produto;
- é possível que o produto adira às SEs de contacto;
- grande variação na densidade do produto (mesmo no mesmo processo);
- é frequentemente necessária uma conceção à prova de explosão (especialmente para produtos petrolíferos);
- estão frequentemente presentes superfícies borbulhantes e espumosas;
- é frequentemente necessária uma elevada precisão;
- possibilidade de penetração de vapores de produtos do aparelho com subsequente condensação;
- a necessidade de respeitar as normas sanitárias relativas à água potável e aos produtos alimentares;
- Por vezes é necessário determinar os níveis de vários produtos, ou o nível na interface de dois líquidos.

2sensores de nível para sólidos a granel (pós, grânulos, etc.)

Principais caraterísticas da medição do nível de sólidos:

- grandes dimensões de bunkers, silos
- menor precisão (em comparação com os líquidos)

- forma complexa da superfície (lâmina, funil, grumos pegajosos)
- carga pesada nos sensores de contacto
- possibilidade de entrada de partículas de pó no aparelho

Com base no princípio de funcionamento, os indicadores de nível para líquidos e sólidos dividem-se em:

- mecânica (flutuador, boia) - para medir o nível, é utilizado um flutuador localizado à superfície do líquido ou um corpo maciço (boia) parcialmente imerso no líquido;
- hidrostática - baseada na medição da pressão hidrostática de uma coluna de líquido;
- elétrico - os valores dos parâmetros eléctricos dependem do nível do líquido;
- acústico (ultrassónico) - baseado no princípio da reflexão das ondas sonoras a partir da superfície;
- micro-ondas (radar, guia de ondas) - baseado no princípio da reflexão superficial de um sinal de alta frequência (micro-ondas);
- radioisótopo baseado na utilização da intensidade do fluxo de radiação nuclear em função do nível do líquido

Atualmente, não existe um indicador de nível universal. Cada aparelho tem muitas modificações e opções que lhe permitem selecionar o indicador de nível mais adequado para o cliente.

2 Medidores de nível mecânicos

Os medidores de nível mecânicos são

1) do tipo float, com um elemento sensível (float),

flutuando na superfície de um líquido;

2) bóias, cuja ação se baseia na medição da força de flutuação que actua sobre a boia.

O movimento do flutuador ou da boia é comunicado ao sistema de medição do aparelho através de ligações mecânicas ou de um sistema de transmissão à distância (elétrico ou pneumático).

2.1 Flutuador

Os sensores de nível tipo boia são a solução mais simples e económica para detetar níveis extremos em líquidos. Ao mesmo tempo, são uma solução fiável e, com a escolha certa, podem ser utilizados para sinalizar o nível de vários meios líquidos, desde líquidos agressivos a água normal (Fig. 1, 2).

Arroz. 1. Reservatórios com interruptores de nível de boia em polipropileno NivoFLOAT para água potável e magnético NivoMAG, fabricante Nivelco, Hungria [6]

Para selecionar corretamente um interrutor de nível de flutuador, deve ter em conta as caraterísticas do líquido a medir e os parâmetros ambientais, uma vez que a temperatura, a espuma, a turbulência (do funcionamento do misturador de fusão), etc., podem ser um problema para alguns interruptores de flutuador e não afetar outro tipo de interrutor de flutuador.

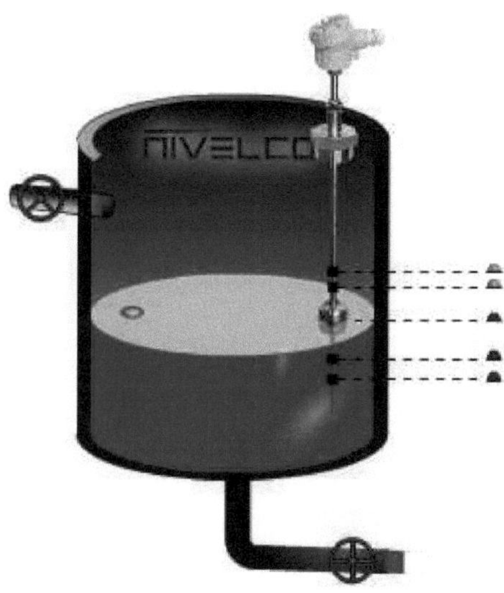

Arroz. 2. Recipiente com um medidor de nível magnético flutuante NivoPOINT, fabricante Nivelco, Hungria

O indicador de nível de flutuador é concebido para fornecer um sinal elétrico discreto sobre o nível do líquido e o nível de separação de dois líquidos imiscíveis em dispositivos e reservatórios de instalações tecnológicas. Os medidores de nível com flutuador têm um flutuador que flutua na superfície do líquido, em resultado do qual o nível medido é convertido em movimento do flutuador. Estes dispositivos utilizam um flutuador leve feito de material resistente à corrosão [10].

São utilizados vários tipos de comunicação para transmitir informações do elemento de deteção (flutuador). Tipicamente, o flutuador está equipado com um íman e é encerrado num tubo de medição ou desliza ao longo de uma haste de guia. A alteração da resistência é convertida num sinal elétrico de saída, o que, para além do controlo visual, torna possível a transmissão remota das leituras e a sua inclusão num sistema de automação.

Dependendo do tipo de líquido a monitorizar, são possíveis diferentes concepções de sondas:

- plástico para ácidos e álcalis agressivos;

- aço inoxidável para água, óleos, etc;
- em aço inoxidável, em versão à prova de explosão, para líquidos inflamáveis, tais como combustíveis, solventes e álcoois.

Vantagens da utilização de medidores de nível com flutuador:

- Simplicidade.
- Força.
- Baixo custo.
- As leituras de nível são quase independentes das alterações na densidade do líquido.
- Elevada exatidão de 0,01% e repetibilidade de 0,005%.
- Não é necessária calibração periódica.
- Existe apenas um elemento móvel - o flutuador.
- Não há desvios de zero ou de amplitude. Defeitos:
- não é adequado para líquidos pegajosos;
- problemas com salpicos de líquidos;
- A flutuabilidade depende do tamanho da boia;
- o ponto de ativação depende das alterações (oscilações) da densidade da substância.

2.1.1 Princípio de funcionamento

Entre os medidores de nível de flutuador existem:

- dispositivos de sinalização em polipropileno,
- interruptores magnéticos de nível,
- medidores de nível magnetostrictivos
- medidores de nível de palheta.

Interruptores de boia em polipropileno.

Os interruptores de nível de flutuador feitos de polipropileno consistem num corpo flutuante com um micro-interrutor incorporado e um cabo de ligação (Fig. 3). O processo de comutação é iniciado ao balançar o sensor quando este se desvia de uma posição horizontal em qualquer direção. O ângulo de ativação varia entre ±3 e ±18° em relação ao plano horizontal.

Os flutuadores são predominantemente corpos esféricos ou esferocilíndricos ocos feitos de polipropileno, resistentes a ácidos e álcalis não concentrados, à maioria dos solventes, ao álcool, à gasolina, à água e à gordura.

lubrificantes e óleos. Os microinterruptores de metal líquido são frequentemente utilizados como dispositivos de comutação, nos quais é atualmente utilizado o galinsténio em vez do mercúrio [9].

Os cabos de ligação são feitos de cloreto de polivinilo para utilização em ambientes aquáticos, incluindo águas residuais, e em líquidos ligeiramente agressivos; feitos de poliuretano, resistentes a combustíveis e lubrificantes, óleos aquecidos e líquidos contendo óleos; feitos de polietileno clorossulfonado, resistentes a ácidos, álcalis e muitos solventes. O comprimento do cabo é de 3, 5 ou 10 metros.

Arroz. 3. Interruptor de nível de boia em polipropileno esférico, fabricante Nivelco, Hungria

Indicador de nível magnético.

O interrutor de nível magnético é constituído por um corpo flutuante (flutuador), que é montado numa alavanca móvel e tem uma ligação magnética com um micro-interrutor instalado externamente (Fig. 4).

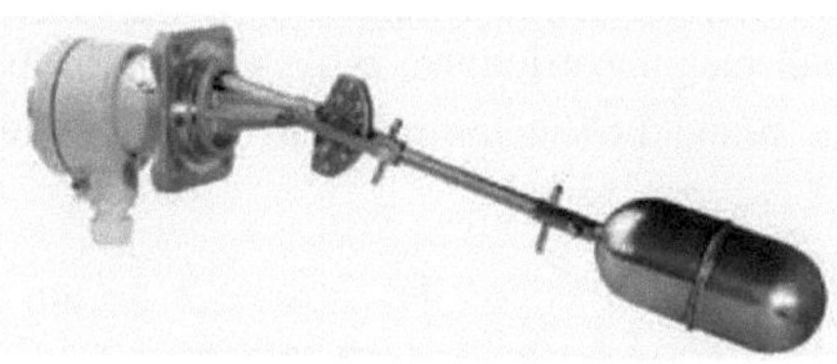

Arroz. 4. Interruptor magnético de nível de flutuação, fabricante Nivelco, Hungria

Medidores de nível magnetostrictivos.

Os indicadores de nível magnetostrictivos são fabricados com um ou mais flutuadores (Fig. 5, 6). A versão com dois flutuadores é utilizada para medir os níveis de interface de dois líquidos com densidades diferentes. O tubo guia pode ser rígido ou flexível. A opção com uma guia de medição flexível é preferível para grandes tanques, pois simplifica muito o transporte e a instalação do dispositivo [11].

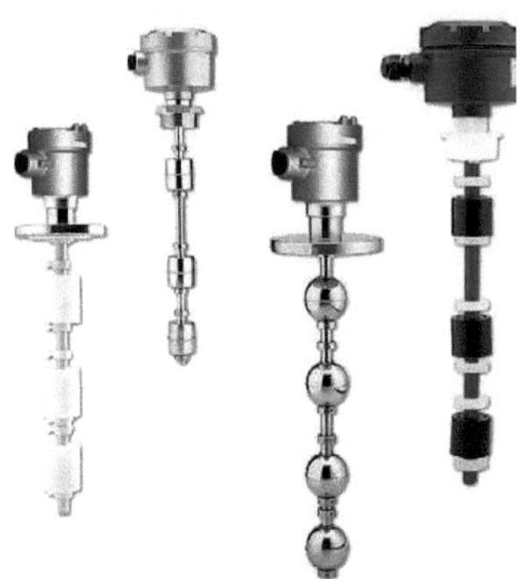

Arroz. 5. Medidores de nível tipo palheta multiponto com flutuador magnético Fine Automation, fabricante FineTek (Taiwan)

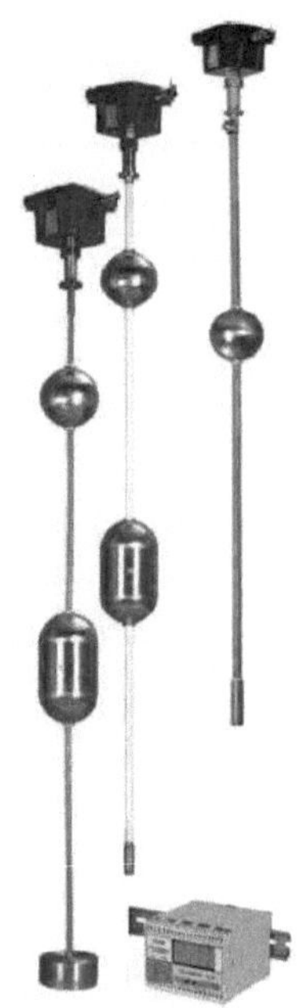

Arroz. 6. Sensor de nível do flutuador magnetostrictivo, fabricante CJSC "Albatross" (Rússia)

Nos indicadores de nível magnetostrictivos, a haste de guia do flutuador contém um guia de ondas envolto numa bobina através da qual são fornecidos impulsos de corrente em intervalos fixos.

Sob a influência de campos magnéticos de corrente e de um íman em movimento, surgem impulsos de deformação longitudinal (torção) na guia de ondas, que se propagam do ponto de origem para ambas as extremidades da guia de ondas (Fig. 7). Numa das extremidades, são completamente amortecidos e, na outra, são recebidos por um conversor de impulsos de torção. O dispositivo analisa o tempo de propagação do impulso e converte-o em sinais de saída.

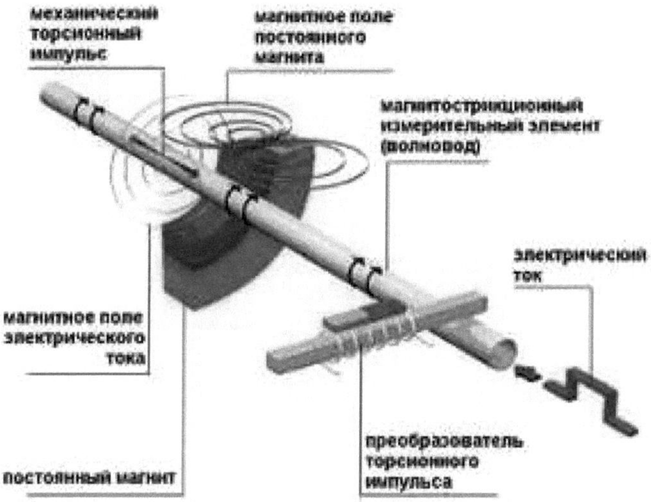

Arroz. 7. Princípio de funcionamento dos medidores de nível magnetostrictivos [7]

Medidores de nível de palheta.

Os indicadores de nível tipo Reed contêm uma cadeia de interruptores tipo reed no corpo da haste guia, fechada por um íman móvel (Fig. 8) [8].

Os indicadores de nível relativo baseiam-se num princípio semelhante, na conceção do qual são utilizados vários grupos de interruptores reed. A ativação alternada quando o nível de cada flutuador é atingido permite determinar o grau relativo de enchimento do tanque. Quando o contacto inferior é acionado, é determinado o nível mínimo permitido de líquido no tanque, e quando o contacto superior é acionado, é determinado o nível máximo. Por exemplo, os medidores de nível magnéticos da Fine Automation têm dois ou mais contactos reed localizados no interior do tubo de medição (Figura 8).

Uma caraterística importante dos indicadores de nível com flutuador é a elevada precisão de medição (± 1...5 mm).

O âmbito de aplicação deste método é bastante amplo. Temperatura do meio de trabalho - -40...120 °C, excesso de pressão - até 2 MPa, para conversores com SE flexível - até 0,16 MPa. A densidade do meio é de 0,5...1,5 g/cm3. A gama de medição é de até 25 m. O método de flutuador pode ser utilizado com sucesso no caso de líquidos espumosos. Uma aplicação típica dos medidores de nível com flutuador é a medição do nível de combustível, óleos e produtos petrolíferos leves em contentores e tanques relativamente pequenos durante a transferência de custódia.

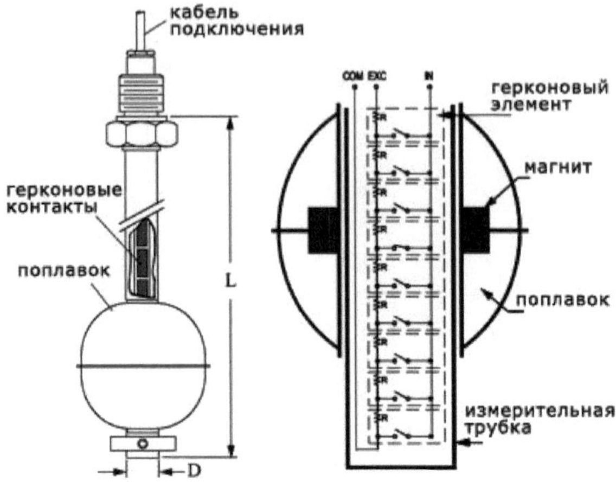

Arroz. 8. Princípio de funcionamento dos medidores de nível tipo Reed

O método é claramente inaplicável apenas em meios viscosos que causam aderência, sedimentação no flutuador, bem como corrosão do flutuador e da estrutura do elemento sensível (SE).

2.2 Bóias

Os indicadores de nível com deslocador são concebidos para funcionar em sistemas de monitorização, controlo e regulação automáticos dos parâmetros dos processos tecnológicos de produção, a fim de fornecer informações, sob a forma de um sinal pneumático normalizado, sobre o nível do líquido ou a interface entre dois líquidos imiscíveis sob vácuo, pressão atmosférica ou sobrepressão (Fig. . 9). Os medidores de nível com deslocador utilizam um deslocador estacionário imerso num líquido. A massa da boia é selecionada de modo a não flutuar quando está completamente imersa no líquido

Os medidores de nível com deslocador são frequentemente utilizados para medir o nível da interface entre dois líquidos e são indispensáveis quando se trabalha com pressões elevadas e temperaturas do produto. Também é possível utilizá-los para determinar a densidade do ambiente de trabalho a um nível constante.

2.2.1 Princípio de funcionamento

O princípio de funcionamento dos medidores de nível com deslocador baseia-se no facto de uma força de flutuação atuar sobre um deslocador submerso a partir do lado do líquido. De acordo com a lei de Arquimedes, esta força é igual ao peso do fluido deslocado

boia A quantidade de líquido deslocado depende da profundidade de imersão do deslocador, ou seja, do nível no recipiente [12]. Assim, nos medidores de nível com deslocador, o nível medido é convertido numa força de empuxo proporcional ao mesmo. A ação desta força é percebida por um transdutor de deformação (medidores de nível do tipo Sapphire-DU), ou um transdutor indutivo (UB-EM, EZ Modulevel), ou um amortecedor que bloqueia o bocal (medidores de nível pneumáticos do tipo PIUP). A dependência da força de empuxo em relação ao nível medido é linear.

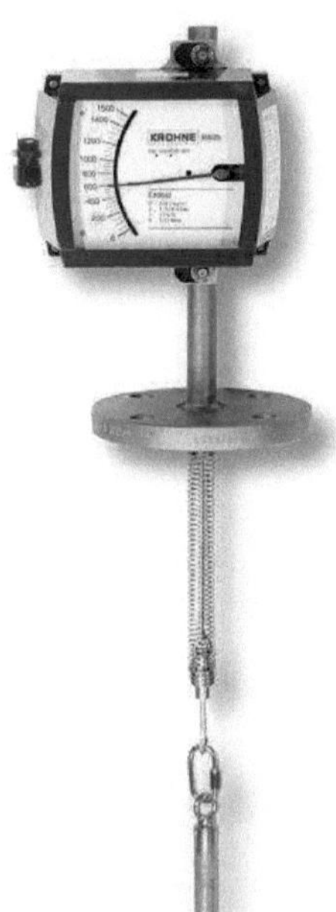

Arroz. 9. Medidor de nível mecânico do tipo BW 25 (indicador de nível), KROHNE

Medidores de nível do tipo Sapphire-DU. Quando o nível medido muda, há uma mudança na força de empuxo hidrostática que actua sobre o elemento sensível - o deslocador. Esta alteração é transmitida através da alavanca para um extensómetro localizado na unidade de medição, onde é linearmente convertida numa alteração da resistência eléctrica dos extensómetros. Um conversor eletrónico converte esta alteração da resistência num sinal de saída de corrente. Um amortecedor hidráulico, cuja cavidade interna é preenchida com um líquido viscoso, suaviza as vibrações.

Medidores de nível do tipo EZ Modulevel.

A variação do nível do líquido em que o deslocador está imerso, sob a ação de uma mola de correção, provoca o movimento vertical do núcleo no interior de um transformador diferencial linearmente controlado (LVDT) (Fig. 10) [14].

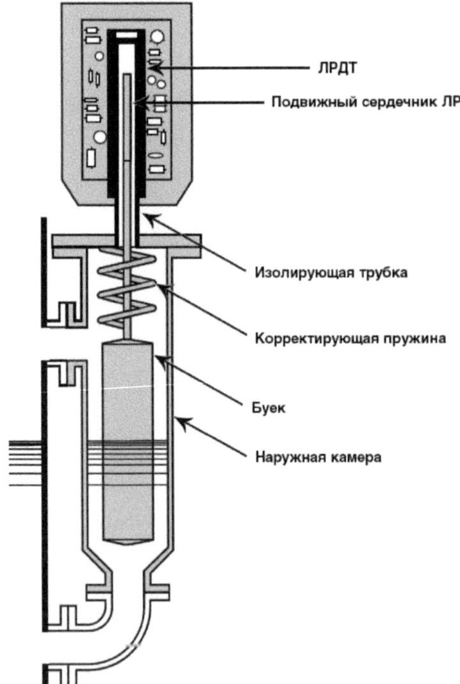

Arroz. 10. Princípio de funcionamento do medidor de nível com deslocador EZ Modulevel com conversor indutivo, fabricado pela Magnetrol

O tubo isolante serve como uma barreira fixa que separa o LVDT do ambiente controlado. Quando a posição do núcleo se altera juntamente com o nível do líquido, é induzido um EMF no enrolamento secundário do LVDT. Estes sinais são processados eletronicamente e utilizados para controlar a corrente de 4...20 mA no circuito de corrente de saída.

O princípio de funcionamento dos conversores baseia-se na compensação pneumática de forças. Quando o nível do líquido medido se altera no elemento sensível (deslocador),

É a força que move a válvula do conversor pneumático através de um sistema de alavancas e hastes.

Os indicadores de nível com deslocador são concebidos para medir o nível numa gama de até 10 m a temperaturas de -50...+120 °C (na gama

+60...120 °C na presença de um tubo dissipador de calor, a temperaturas

120...400 °C funcionam como indicadores de nível) e pressão até 20 MPa, proporcionando uma exatidão de 0,25...1,5%. Densidade do líquido de controlo: 0,4...2 g/cm3.

Dependendo das caraterísticas do meio a medir, os medidores de nível mecânicos são instalados diretamente no tanque ou numa câmara remota, com ou sem um tubo dissipador de calor. No caso de haver uma pulsação significativa do nível do líquido ou devido às condições de funcionamento do dispositivo, o sensor de nível não pode ser instalado diretamente no mesmo; são utilizadas câmaras remotas (Fig. 11).

Arroz. 11. Instalação do conversor na câmara remota

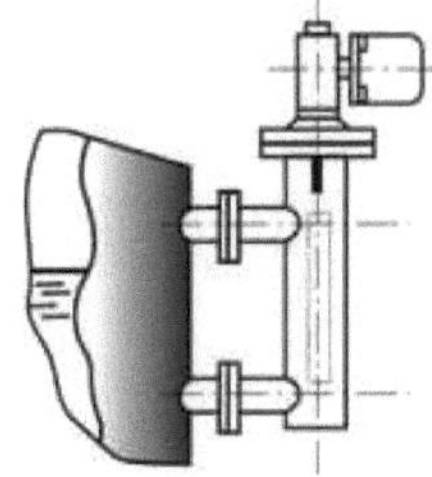

3 Medidores de nível hidrostático

O método hidrostático de medição de nível baseia-se na medição da pressão hidrostática de uma coluna de líquido através da fórmula $P = \rho g h$, em que P é a pressão, ρ é a densidade, g é a aceleração gravitacional, h é a altura da coluna de líquido, independentemente da forma e do volume do reservatório.

Os sensores de pressão hidrostática (nível) são utilizados para medir o nível de quaisquer líquidos, desde água a pastas, em tanques, poços e poços. Os medidores de nível hidrostáticos são baratos e de conceção simples, mas têm uma utilização limitada devido às condições de utilização (instalação no fundo do tanque, é necessária uma densidade constante do objeto medido, apenas para objectos/processos silenciosos). O contacto constante com o objeto medido também impõe as suas limitações.

Estruturalmente, os sensores hidrostáticos são de dois tipos: sino (submersível) e membrana (mortise) (Fig. 12, 13).

Arroz. 12. Transmissores de nível hidrostáticos Deltapilot S DB, fabricados por Endress+Hauser

Arroz. 13. Transmissor de pressão hidrostática (nível) Rosemount 3051 com vedação remota, fabricado pela Emerson Process Management

Os medidores de nível hidrostáticos são do tipo submersível, em que a célula de pressão de medição é diretamente baixada de cima para os pinos ou cabo especial, utilizados em canais, tanques enterrados, poços, poços, etc.

Os sensores do tipo encaixe são concebidos para serem instalados na parte inferior da cisterna. Este método de instalação só é possível em reservatórios situados à superfície, ou seja, quando existe acesso ao fundo do reservatório. As vedações remotas (Figura 14) são concebidas para medir a pressão, o caudal e o nível em condições difíceis, como temperaturas críticas e ambientes corrosivos.

Arroz. 14. Vedantes remotos Rosemount 1199

Os selos remotos devem ser utilizados nos seguintes casos [13]:

- A temperatura do processo está para além da gama de funcionamento padrão do sensor de pressão e não pode ser compensada utilizando linhas de impulso;
- O ambiente de funcionamento é agressivo e pode exigir a substituição frequente do sensor ou a utilização de materiais de membrana especiais;
- O fluido de trabalho contém partículas em suspensão ou tem uma viscosidade elevada, o que pode resultar no entupimento da linha de impulso;
- É necessário limpar convenientemente as ligações do ambiente de trabalho, a fim de evitar a acumulação de depósitos;
- O fluido pode congelar ou solidificar no interior do sensor ou da linha de impulso;
- Se for necessário medir a densidade ou o nível de interface do suporte.

Os medidores de nível hidrostáticos permitem medições na gama até 250 kPa, o que corresponde (para a água) a 25 metros, com uma precisão até 0,1% a uma pressão excessiva até 10 MPa e a uma temperatura do fluido de trabalho de -40...+120 °C.

Vantagens:

- precisão;
- aplicável a líquidos contaminados;
- a aplicação do método não implica a utilização de mecanismos móveis;
- os equipamentos correspondentes não requerem uma manutenção complexa.

Defeitos:

- o movimento do fluido provoca uma alteração da pressão e conduz a erros de medição (a pressão relativa ao plano de referência depende da velocidade de escoamento do fluido, uma consequência da lei de Bernoulli);
- a pressão atmosférica deve ser compensada;
- As leituras dependem da densidade do líquido, pelo que alterações na densidade podem causar erros de medição.

3.1 Princípio de funcionamento

O princípio de funcionamento baseia-se na conversão da deformação de um elemento de deteção elástico sob a influência da pressão hidrostática (uma coluna de líquido acima do elemento de deteção) num sinal de corrente analógico

No caso de uma conceção de montagem embutida, um sensor capacitivo ou resistivo à tensão é diretamente ligado à membrana e todo o dispositivo está localizado no fundo do recipiente, geralmente no lado da flange, com a posição da membrana correspondente ao nível mínimo (Fig. 15).

No caso de um sensor de sino, o elemento de deteção elástico é imerso no meio de trabalho e transmite a pressão do fluido ao sensor resistente à deformação através de uma coluna de ar selada no tubo de alimentação (Fig. 15). Os extensómetros ligados à membrana do extensómetro são utilizados como elemento sensível.

Os medidores de nível hidrostáticos são medidores de excesso de pressão; portanto, é necessária a comunicação entre o sensor e a atmosfera. No caso dos sensores de excesso de pressão, o fluido medido e a pressão atmosférica no reservatório actuam num dos lados do elemento sensor e apenas a pressão atmosférica no outro. Para os recipientes abertos, a pressão atmosférica no reservatório é compensada pela pressão atmosférica no exterior e o sensor mede apenas a pressão do fluido.

Para recipientes completamente fechados, onde o excesso de pressão é criado entre a tampa do recipiente e o líquido, o ideal seria a utilização de sensores de pressão diferencial hidrostática. Neste caso, utilizando um capilar especial, é necessário ligar o sensor de pressão diferencial à área de excesso de pressão do contentor.

Arroz. 15. Reservatórios com sensores de nível hidrostáticos submersíveis e incorporados, fabricante Nivelco, Hungria

Na instalação de medidores de nível hidrostáticos, para evitar a influência do aumento de pressão durante a bombagem de líquido, uma vez que o jato da bomba pode criar uma área de aumento de pressão, os sensores devem ser instalados à distância máxima da fonte de turbulência.

4 Medidores de nível eléctricos

O princípio de funcionamento dos medidores de nível eléctricos baseia-se na diferença das propriedades eléctricas dos líquidos e dos gases. Neste caso, os líquidos cujo nível é medido podem ser tanto condutores como dieléctricos; os gases situados num espaço não líquido são sempre dieléctricos. O principal parâmetro que determina as propriedades eléctricas dos condutores é a sua condutividade eléctrica, e o dos dieléctricos é a constante dieléctrica relativa, que indica quantas vezes a força de interação entre cargas eléctricas numa dada substância diminui em relação ao vácuo. Em função do parâmetro de saída (resistência, capacitância ou indutância) do transdutor primário que "reage" a uma mudança de nível, os medidores de nível eléctricos dividem-se nos seguintes tipos: capacitivos, condutométricos e vibratórios.

4.1 Capacitivo

O medidor de nível capacitivo permite a medição do nível atual e a sinalização de dois níveis-limite sintonizáveis de água, leite, cerveja, álcalis, ácidos, óleo e produtos petrolíferos, cereais e respectivos produtos de moagem, açúcar, cimento, areia, cal, bem como outros meios líquidos e granulares, incluindo em recipientes sob pressão excessiva.

O funcionamento destes indicadores de nível baseia-se na diferença de constante dieléctrica entre os líquidos e o ar. O transdutor primário mais simples de um dispositivo capacitivo é um elétrodo (haste ou fio metálico) localizado num tubo metálico vertical (Fig. 16, 17). A haste, juntamente com o tubo, forma um condensador. A capacidade de um condensador deste tipo depende do nível do líquido, uma vez que, quando este passa de zero para o máximo, a constante dieléctrica passa da constante dieléctrica do ar para a constante dieléctrica do líquido.

O método capacitivo proporciona uma boa exatidão de cerca de 1,5% e tem as mesmas limitações que o método de flutuação - o meio não deve aderir e formar depósitos no elemento sensível (SE). Os sensores capacitivos são largamente utilizados para determinar a presença de um meio de trabalho: tanto líquido como a granel (pós, cimento, produtos granulares), tanto condutor de eletricidade como não condutor de eletricidade. Uma limitação fundamental caraterística do método capacitivo é a homogeneidade do meio, o meio deve ser homogéneo, pelo menos na área onde a SE está localizada. Condições para a utilização de sensores capacitivos de acordo com as caraterísticas do ambiente de trabalho: temperatura -40...+200 °C, pressão - até 2,5 MPa, gama de medição - até 3 m (30 m - para SEs flexíveis e de cabo).

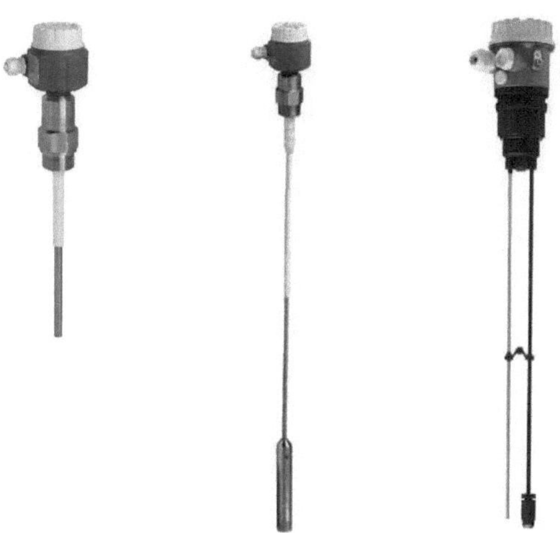

Arroz. 16. Sensores de nível capacitivos Liquicap, fabricados por Endress+Hauser

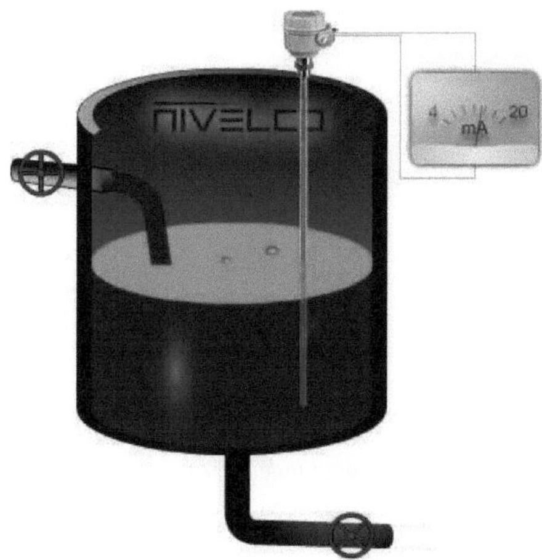

Arroz. 17. Exemplo de instalação de um indicador de nível capacitivo, fabricante Nivelco, Hungria

Alguns sensores capacitivos permitem a leitura através da parede de um tanque não metálico, permitindo a determinação da posição do nível sem entrar no tanque ou entrar em contacto com o produto. O sensor pode ser montado numa parede plana do depósito ou enrolado num tubo não metálico.

4.1.1 Princípio de funcionamento

O SE de um medidor de nível capacitivo é um condensador, cujas placas estão imersas no meio. Pode ser fabricado sob a forma de dois tubos concêntricos, o espaço entre os quais é preenchido com um meio, ou sob a forma de uma haste, com a parede metálica do recipiente a desempenhar o papel de segundo revestimento. No caso de um líquido condutor, o SE é coberto com um isolante, geralmente fluoroplástico.

O princípio de funcionamento dos indicadores de nível capacitivos baseia-se na diferença entre a constante dieléctrica do meio controlado (soluções aquosas de sais, ácidos, álcalis) e a constante dieléctrica do ar ou do vapor de água. Quando a sonda está no ar (1), mede-se uma certa capacitância inicial baixa da SA (Fig. 18) [15, 16]. Uma mudança no nível do líquido leva a uma mudança na capacitância da SE para o valor CE (2, 3), que é convertido num sinal elétrico de saída DC de 4-20 mA.

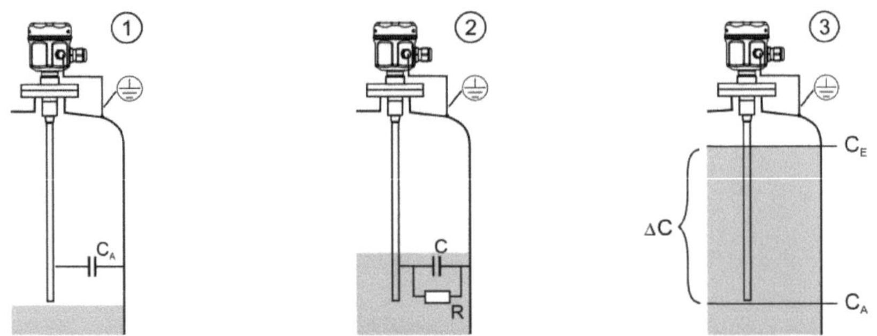

Arroz. 18. Princípio de funcionamento de um medidor de nível capacitivo.
R - condutividade do líquido; C é a capacitância eléctrica do líquido;
CA - capacidade inicial; CE - capacidade final (sonda completamente imersa);
ΔC - alteração da capacitância

Os sensores capacitivos distinguem-se por uma grande variedade de modelos para aplicações específicas; podem ser de haste, tubulares, flexíveis, de cabo, etc. Ao escolher o tipo de sensor, é necessário ter em conta, em primeiro lugar, a composição do ambiente controlado e as suas propriedades dieléctricas. Para os sensores que funcionam num ambiente condutor, é necessário escolher um modelo com um elétrodo isolado.

Os medidores de nível capacitivos são utilizados nos seguintes ambientes [17]:

- Líquidos, suspensões, pós, grânulos $\varepsilon r>1,5$.
- Substâncias químicas com camadas densas de gás acima da superfície.
- Meios viscosos e agressivos (óleos, ácido nítrico, sulfúrico, clorídrico).
- Alta pressão, alta temperatura de -60 a +250 °C ou vácuo.

Vantagens dos sensores de nível capacitivos:

- desempenho;
- simplicidade;
- baixo peso;
- alta sensibilidade;
- ausência de elementos mecânicos móveis de inércia;
- Os eléctrodos com revestimento fluoroplástico garantem a possibilidade da sua utilização em ambientes agressivos.

Defeitos:

- elevada sensibilidade às alterações das propriedades eléctricas dos líquidos causadas por mudanças na sua composição, temperatura, etc,
- a formação de uma película condutora ou não condutora de eletricidade sobre os elementos sensores devido à atividade química do líquido, à condensação dos seus vapores, à adesão do próprio líquido aos elementos em contacto com ele, etc.

4.2 Condutométrico

Os sensores de nível condutométricos são utilizados para monitorizar um ou mais níveis limite de um líquido condutor de corrente eléctrica. O funcionamento de um medidor de nível condutométrico (óhmico) baseia-se na medição da resistência entre eléctrodos colocados no meio que está a ser medido.

Os medidores de nível condutométricos (medidores de nível de resistência) são utilizados para medir o nível de líquidos condutores (mais de 0,2 S/m): soluções de álcalis e ácidos, metais fundidos, água, soluções aquosas de sais, leite e materiais a granel com uma condutividade específica superior a 1 μS/cm .

Os sensores de nível condutimétricos são fornecidos em versões de haste única (elétrodo único) e de haste múltipla (multi-electrodo) para controlar vários níveis de líquido (Fig. 19, 20). Os sensores de nível condutimétrico de várias hastes podem ter de 1 a 5 eléctrodos de vários comprimentos.

Arroz. 19. Interruptor de nível condutimétrico FLX, fabricado por KLAY Instruments BV

*Arroz. 20. Sensores de nível condutimétricos de 5 hastes HR-6*5, produzidos por Pepperl+Fuchs, Alemanha*

A aplicabilidade dos sensores condutométricos nas condições de pressão e temperatura do processo de trabalho no recipiente situa-se no intervalo de 350 °C e 6,3 MPa (normalmente para as versões padrão 200 °C e 2,5 MPa) e é determinada pelo material do isolador do elétrodo. As limitações à utilização deste tipo de sensores podem ser impostas por propriedades do ambiente de trabalho, tais como uma forte vaporização do meio de trabalho, uma forte formação de espuma de depósitos condutores no isolador ou depósitos isolantes no elemento sensor.

Principais vantagens:

- simplicidade e força;
- sem partes mecânicas móveis;
- insensível à turbulência;
- o processo tecnológico permite altas temperaturas e pressões;
- fácil regulação e manutenção. Defeitos:
- não adequado para adesivos e materiais dieléctricos;
- As substâncias oleosas podem fazer com que uma fina camada de revestimento não condutor adira aos eléctrodos, o que pode causar falhas.

4.2.1 Princípio de funcionamento

O transdutor primário de um medidor de nível condutométrico consiste em dois eléctrodos, cuja profundidade de imersão no líquido determina o valor atual do seu nível, e um dos eléctrodos pode ser a parede de um tanque ou aparelho. Em função do nível, mede-se a resistência entre os eléctrodos. O parâmetro de saída do conversor é a sua resistência ou condutividade. Ao medir o nível de líquidos "supercondutores" (por exemplo, metais líquidos), é possível utilizar medidores de nível condutométricos com um elétrodo, sendo o papel do segundo elétrodo desempenhado por um recipiente ligado à terra.

Os principais factores que limitam a precisão dos medidores de nível condutométricos são a variabilidade das áreas das secções transversais dos eléctrodos e, consequentemente, a variabilidade da resistividade ao longo do comprimento dos eléctrodos, bem como a formação de uma película (óxido ou sal) com elevada resistividade sobre os eléctrodos, o que leva a uma redução acentuada e descontrolada da sensibilidade do sensor.

Além disso, a precisão dos medidores de nível condutométricos é significativamente afetada por alterações na condutividade eléctrica do fluido de trabalho e pela polarização do meio perto dos eléctrodos. Consequentemente, os erros dos métodos condutométricos de medição de nível (mesmo quando se utilizam vários esquemas de compensação) são bastante elevados (até 10%), pelo que são utilizados principalmente como indicadores de nível para líquidos condutores [18].

4.2.2 Exemplos de aplicação de sensores de nível condutométricos

Os medidores de nível condutométrico e os interruptores de nível são utilizados para (Fig. 21):

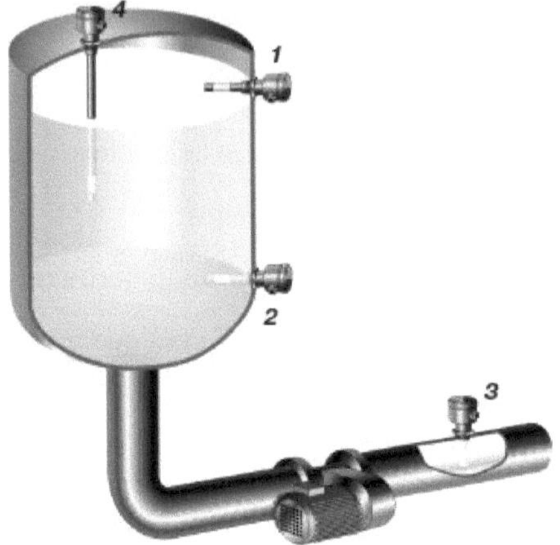

Arroz. 21. Aplicação do medidor de nível condutométrico:

1 - determinação do nível máximo no depósito; 2 - determinação do nível mínimo no depósito; 3 - proteção da bomba contra o funcionamento a seco; 4 - versão alargada do sensor para determinação do nível para instalação vertical

1. Proteção contra enchimento excessivo, alarme de nível alto ou baixo.

A fuga de produtos líquidos devido ao transbordo pode ser perigosa para as pessoas e para o ambiente, o que pode resultar em perdas indesejadas de produtos e custos de limpeza. Os interruptores de nível podem ser instalados como um dispositivo independente adicional para monitorizar os níveis superior e inferior.

2. Proteção das bombas contra o funcionamento a "seco" quando instaladas em tubagens

o fio.

3. Determinação do nível durante a instalação vertical devido a

execução linear.

Este método de medição é utilizado principalmente em tanques, caldeiras, contentores ou canais abertos. Para o controlo de bombas em esgotos, instalações de água e tanques.

4.3 Vibratório

Os sensores de nível vibratórios são utilizados como indicadores de nível fiáveis para substâncias líquidas e granulares de várias densidades e viscosidades numa vasta gama de pressões e temperaturas (Fig. 22, 23, 24).

A conceção modular dos dispositivos permite a sua utilização em contentores, reservatórios e condutas. Graças ao sistema de medição universal e simples, o interrutor de nível não é praticamente crítico para as propriedades químicas e físicas do líquido. Funciona mesmo em condições desfavoráveis, como turbulência e bolhas de ar. Os interruptores de nível vibratórios são capazes de medir o nível de quase todos os líquidos. O elemento vibratório é acionado pelo método piezoelétrico e vibra com uma frequência de ressonância mecânica de aproximadamente 1200...1300 Hz.

Os piezoelementos são fixados mecanicamente e não estão sujeitos a choques térmicos. Quando o elemento vibratório é imerso no meio de medição, a frequência altera-se. Esta alteração de frequência é captada pelo oscilador incorporado e convertida num comando de comutação.

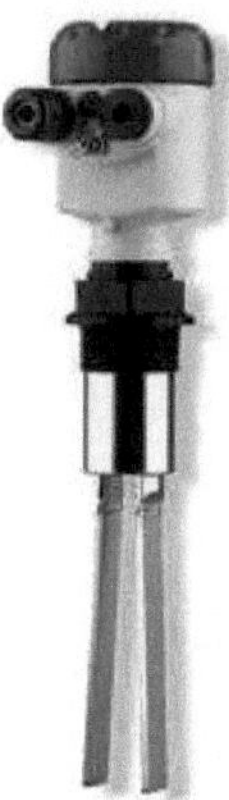

Arroz. 22. Interruptor de nível vibratório para sólidos a granel OPTISWITCH 3000 da KROHNE, (Alemanha)

Arroz. 23. Medidor de nível de vibração Liquiphant FTL 20 da Endress+Hauser, (Alemanha)

Os medidores de nível de vibração, regra geral, são compactos e podem funcionar sem processamento de sinal externo; têm uma unidade eletrónica incorporada que processa o sinal de nível e o converte (dependendo do tipo de gerador incorporado) no sinal de saída correspondente. Com este sinal de saída, os dispositivos adicionais ligados (por exemplo, sistema de alarme, PLC, bombas, etc.) podem ser acionados diretamente.

Arroz. 24. Tanques com detectores de nível de vibração Nivoswitch, fabricante Nivelco, Hungria

A gama de aplicabilidade dos sensores para a temperatura é de -50...+250 °C, pressão - até 64 atm., densidade do meio de trabalho - entre 0,5...2,5 g/cm³. Os sensores fornecem uma precisão de resposta de ±1 mm. Para além dos interruptores de limite de nível, os alarmes de vibração são normalmente utilizados como sensores de funcionamento a seco em condutas.

Os alarmes de vibração são produzidos numa vasta gama de modelos, incluindo para produção alimentar, condições explosivas e ambientes agressivos.

A vantagem dos sensores de nível por vibração é a sua insensibilidade às dimensões das partículas, à densidade e à humidade do ambiente, bem como à influência dos campos eléctricos e magnéticos. O sensor de nível de vibração permanece operacional mesmo com uma adesão significativa do material controlado às superfícies de trabalho das placas ressonadoras. As leituras dos sensores de nível de vibração não são afectadas pela presença de espuma, bolhas ou partículas em suspensão no meio medido. Os medidores de nível por vibração são a melhor solução para meios pegajosos.

Os sensores de nível vibratórios são principalmente utilizados em:

1. Produção de materiais de construção: gesso, cimento, gesso, pedra britada, areia,

argila expandida, pó de carvão, cinzas.

2. Indústria alimentar: farinha, açúcar, sal, soda, fermento em pó, muesli.

3. Indústria química: pó de plástico, cal, ácido silícico, adubos, detergentes, vários pós e grânulos.

4. Energia: cinzas volantes, poeiras.

5. Estações de tratamento: lamas e sedimentos na água. As marcas mais comuns de alarmes de vibração são as séries

OPTISWITCH da Krohne, Liquiphant da Endress+Hauser, Vibranivo da UWT.

Principais vantagens:

- sem partes móveis;
- não requerem aprovações e ensaios adicionais durante o funcionamento;
- não há necessidade de calibração;
- imune à formação de condensação;
- insensível à turbulência, à formação de espuma e à vibração externa;
- permitem qualquer orientação espacial;
- insensível à maioria das propriedades físicas da substância a medir (com exceção da densidade ρ);
- pode determinar o nível de sólidos com uma densidade mínima de até 0,008 g/cm3;
- Os testes funcionais podem ser efectuados no local.

Defeitos:

- As substâncias pegajosas e as partículas sólidas nos líquidos podem provocar avarias;
- As partículas sólidas podem encravar a forquilha oscilante. As aplicações típicas são a proteção contra o enchimento excessivo ou o arranque "a seco".

4.3.1 Princípio de funcionamento

O princípio de funcionamento do sensor é a vibração, baseada na diferença das oscilações ressonantes do elemento sensível - um diapasão ressonador num meio gasoso (ar) e num líquido (material a granel).

Um cristal piezoelétrico, quando lhe é aplicada uma tensão, cria oscilações de um garfo vibratório sensível com uma frequência de ~1300 Hz. As alterações desta frequência são monitorizadas eletronicamente, em modo contínuo, quando um garfo oscila num estado livre e amortecido pelo material. Quando o garfo é imerso num líquido ou num produto a granel, a frequência de vibração do garfo diminui, o que leva à comutação dos contactos do alarme. Do mesmo modo, quando o nível do líquido ou do produto a granel diminui, a ficha passa para o estado de "contacto seco" e a frequência de oscilação da ficha aumenta, o que leva à comutação inversa dos contactos. Um sinal sobre uma mudança no estado dos contactos é enviado ao sistema de controlo ou aos actuadores (bombas, válvulas, etc.) [13].

4.3.2 Descrição do interrutor de nível vibratório Rosemount

Os interruptores de nível Rosemount 2120 (Fig.25) foram concebidos para controlar o nível da maioria dos tipos de líquidos, incluindo suspensões, emulsões e outras soluções à base de água.

Arroz. 25. Interruptores de nível Rosemount 2120

Caraterísticas do interrutor do nível de vibração:

- Meios controlados: quase todos os líquidos com uma densidade de pelo menos 600 kg/m3 e uma viscosidade de 0,2 a 10.000 cP
- Temperatura do processo de -40 a 150°C
- Temperatura ambiente de -40 a 80 °C
- Pressão do processo de -0,1 a 10 MPa (até 3 MPa quando se utilizam ligações higiénicas)
- Disponibilidade da versão à prova de explosão para o modelo 2120

O funcionamento dos alarmes praticamente não é afetado por: turbulência do processo, bolhas, espuma, vibração, teor de sólidos, propriedades do líquido e sua composição.

4.3.3 Exemplos de aplicação do Rosemount 2110, 2120

O 2120 foi concebido para aplicações em locais seguros ou perigosos, enquanto o 2110 é apenas adequado para ambientes seguros com temperaturas de processo até 150°C. O comprimento curto da forquilha de 44 mm permite que o 2110 ou o 2120 sejam instalados em qualquer ângulo em tubagens ou tanques de pequeno diâmetro. O comprimento do garfo varia de 44 mm a 3 m com extensão.

Os interruptores de nível vibratórios são utilizados para:

1. Proteção contra enchimento excessivo.

Os interruptores de nível das séries 2110 ou 2120, instalados para monitorizar o nível superior de líquido no tanque, podem fornecer uma proteção fiável contra enchimentos excessivos e, em caso de emergência, enviar um sinal de transbordo para o sistema de controlo ou para os actuadores (Fig. 26).

2. Proteção contra falsas comutações.

Muitas vezes, os tanques de dosagem estão equipados com misturadores ou outros dispositivos para misturar os meios e garantir a homogeneidade e fluidez do produto. Um tempo de atraso selecionável pelo utilizador de 0,3 a 30 s eliminará o risco de falsas comutações causadas por salpicos de produto do equipamento em funcionamento.

3. Proteção das bombas quando instaladas numa tubagem.

O curto comprimento da forquilha - 50 mm - permite-lhe instalar o 2120 em qualquer ângulo em tubagens ou tanques de pequeno diâmetro. Se for selecionada a opção de comutação direta da carga, o alarme proporciona uma monitorização fiável do funcionamento da bomba e pode ser utilizado para proteger contra o funcionamento a seco.

4. Alarmes de nível alto ou baixo.

Os interruptores de nível são frequentemente instalados como um dispositivo independente para monitorizar os níveis superior e inferior, bem como para fornecer proteção adicional contra o enchimento excessivo em caso de falha do indicador de nível.

Arroz. 26. Aplicação do interrutor de nível por vibração:

1 - determinação do nível máximo no depósito; 2 - determinação do nível mínimo no depósito; 3 - proteção da bomba contra o funcionamento a seco; 4 - versão alargada do sensor para determinação do nível para instalação vertical

5. Utilização higiénica.

A superfície polida das fichas de alarme 2110 e 2120 tem um grau de acabamento (Ra) inferior a 0,8 µm, o que satisfaz os principais critérios para a conceção de sistemas de processo para os requisitos higiénicos mais rigorosos exigidos pelas indústrias alimentar e farmacêutica.

5 Medidores de nível acústicos (ultra-sónicos)

Os indicadores de nível ultra-sónicos têm muitas vantagens em relação a outros tipos - têm uma boa precisão de medição, não se deterioram durante a utilização e são de baixo custo. São estas qualidades que aumentaram significativamente a popularidade dos medidores de nível ultra-sónicos, que são utilizados nos sistemas em que os medidores de nível com flutuador e deslocador não podem ser utilizados.

Exemplos de medidores de nível ultra-sónicos comuns são: SITRANS Probe LU (Siemens, Alemanha), OPTISOUND (KROHNE, Alemanha), Prosonic M (Endress+Hauser, Alemanha) (Fig. 27, 28).

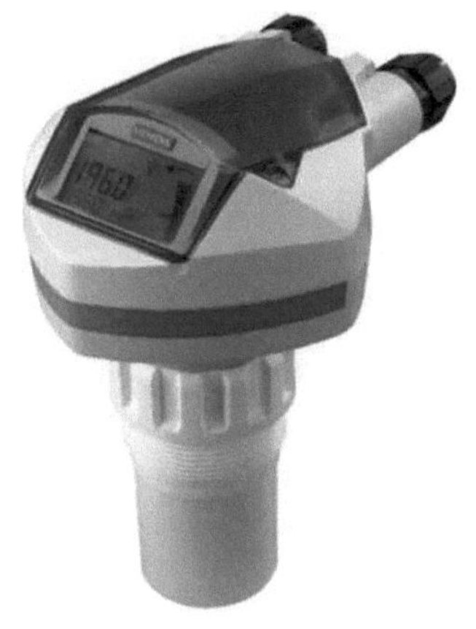

Arroz. 27. Medidor de nível ultrassónico SITRANS Probe LU da Siemens

Arroz. 28. Medidor de nível ultrassónico OPTISOUND 3010 C,3020 C e 3030 C Empresa KROHNE, (Alemanha)

Os indicadores de nível acústicos, ou ultra-sónicos, utilizam o fenómeno de reflexão das vibrações ultra-sónicas a partir do plano de interface líquido-gás.

O funcionamento dos indicadores de nível deste tipo baseia-se na medição do tempo de percurso de um impulso ultrassónico desde o emissor até à superfície do líquido e vice-versa (Fig. 29). Ao receber um impulso refletido, o emissor torna-se um sensor. Regra geral, a opção mais comum é instalar o sensor ultrassónico no topo do recipiente. Neste caso, o sinal passa através do ar, reflectindo-se a partir do limite com o meio sólido (líquido). O medidor de nível, neste caso, é chamado de acústico. Existe também a opção de instalar o sensor no fundo do contentor.

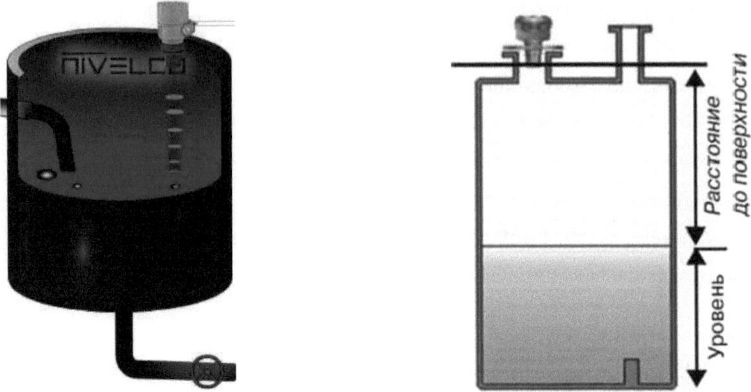

Arroz. 29. Princípio de funcionamento de um medidor de nível ultrassónico

Neste caso, o sinal é refletido a partir do limite com um meio menos denso. Um sensor deste tipo é designado por medidor de nível ultrassónico. No primeiro caso, quanto mais baixo for o nível do líquido, maior será o tempo de medição; no segundo caso, vice-versa. A unidade eletrónica é utilizada para gerar impulsos ultra-sónicos emitidos, amplificar os impulsos reflectidos, medir o tempo que um impulso demora a percorrer um caminho duplo (no ar ou no líquido) e converter este tempo num sinal elétrico unificado.

Os medidores de nível ultra-sónicos são concebidos para controlar um nível, controlar dois níveis ou controlar dois níveis numa abertura tecnológica.

O medidor de nível acústico é concebido para a medição remota automática sem contacto do nível de meios líquidos, incluindo explosivos, agressivos, viscosos, não homogéneos, precipitantes, bem como materiais a granel com um diâmetro de grânulos e peças de 5 a 300 mm, a uma temperatura do ambiente controlado de menos 30 °C a mais 250 °C e pressão até 4 MPa, meios com uma grande variedade de propriedades físicas, com exceção de líquidos altamente vaporosos, altamente espumosos e produtos a granel granulares finos e porosos. A gama de funcionamento dos medidores de nível ultra-sónicos é de até 25 m [23].

A velocidade de propagação dos ultra-sons depende da temperatura - cerca de 0,18% por 1 °C. Para eliminar esta influência, os medidores de nível ultra-sónicos utilizam a compensação térmica através de um sensor de temperatura incorporado. Além disso, para obter resultados de medição exactos, o líquido deve ter uma composição uniforme e a mesma temperatura. Também não deve haver bolhas de gás no mesmo.

Os medidores de nível ultra-sónicos podem atingir um erro de medição de nível de 1%. Ao mesmo tempo, são significativamente mais baratos do que os medidores de nível por radar de micro-ondas. Os medidores de nível ultra-sónicos são frequentemente utilizados para medir o caudal em canais perfilados.

As principais vantagens dos medidores de nível ultra-sónicos:

- sem contacto;
- aplicável a líquidos contaminados;
- a aplicação do método não impõe grandes exigências à resistência ao desgaste e à força do equipamento;
- independência da densidade do ambiente controlado. Defeitos:
- grande divergência do cone de radiação;
- as reflexões de obstáculos não estacionários (por exemplo, agitadores) podem causar erros de medição;
- o sinal sonoro não se pode propagar no vácuo;
- As leituras são influenciadas por: temperatura, humidade, pressão, turbulência, espuma, vapor, alterações na concentração de líquidos, misturas de gases.

5.1 Princípio de funcionamento

Os medidores de nível ultra-sónicos sem contacto sondam a área de trabalho com ondas ultra-sónicas, ou seja, ondas de pressão com uma frequência superior a 20 kHz. Utilizam a propriedade das ondas ultra-sónicas de serem reflectidas quando passam o limite de dois meios com propriedades físicas diferentes. Por conseguinte, o elemento sensível de um indicador de nível ultrassónico é constituído por um emissor e um recetor de vibrações, que, regra geral, estão estruturalmente combinados e representam uma placa de quartzo. Quando uma tensão alternada é aplicada à placa, ocorrem deformações da placa, transmitindo vibrações para o ambiente aéreo. A tensão é fornecida em impulsos e, após a conclusão da transferência, a placa transforma-se num recetor de vibrações ultra-sónicas reflectidas, provocando vibrações da placa e, consequentemente, o aparecimento de uma tensão de saída (efeito piezoelétrico inverso).

A distância à interface entre dois meios é calculada pela fórmula:, em que é a velocidade das ondas ultra-sónicas num determinado meio, - o tempo entre o início da radiação e a chegada do sinal refletido, determinado pela unidade eletrónica do medidor de nível.

O nível do líquido é apresentado no ecrã LCD digital.

5.1.1 Descrição do medidor de nível ultra-sónicoRosemount

O Transmissor de Nível Ultrassónico Rosemount Série 3100 (Fig. 30) foi concebido para proporcionar a medição contínua do nível de líquido e da distância à superfície do líquido em tanques, instalações de armazenamento, fossas de resíduos, tanques amortecedores, bem como o cálculo do volume e do caudal em canais abertos e reservatórios.

Caraterísticas do medidor de nível ultrassónico:

- Meios de medição: líquido (óleo, produtos petrolíferos escuros e claros, água, soluções aquosas, gás liquefeito, ácidos, álcalis, solventes, bebidas alcoólicas, etc.).
- Gama de medição: de 0,3 a 11 m.
- Sinais de saída: 4-20 mA (Modelo 3101); 4-20 mA com sinal digital baseado no protocolo HART (modelos 3102 e 3105).
- Disponibilidade da versão à prova de explosão (modelo 3105).

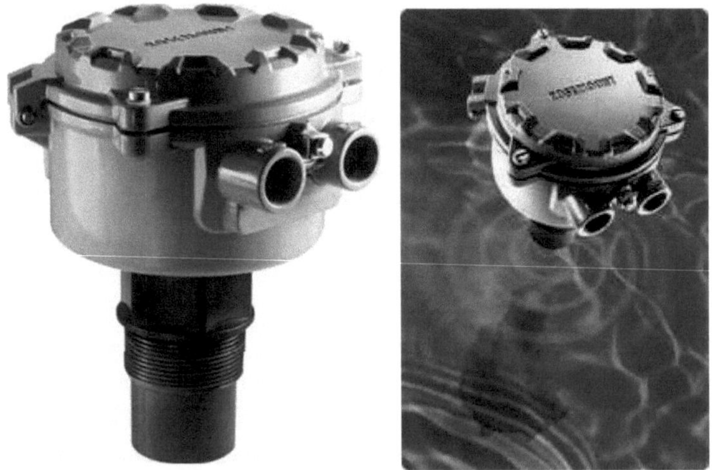

Arroz. 30. Medidor de Nível Ultrassónico Rosemount Série 3100

Para medições de nível ou de distância de superfície na gama de 0,3 a 8 m, recomenda-se o Modelo 3101, que tem apenas um sinal de saída analógico de 4-20 mA. O Modelo 3102, com dois relés incorporados, é recomendado para medições de nível ou de distância à superfície na gama de 0,3 a 11 m, podendo também calcular o volume e o caudal num canal aberto. O Modelo 3105, certificado como intrinsecamente seguro, é utilizado para medições de distâncias de nível ou de superfície entre 0,3 e 11 m em áreas perigosas e pode também calcular o volume e o caudal em canais abertos.

Este princípio de medição não é afetado pela condutividade, densidade do produto ou constante dieléctrica. Existe um sensor de temperatura incorporado para compensar as flutuações de temperatura. O medidor de nível utiliza o valor da temperatura para calcular a velocidade do som no ar, compensando assim o efeito da temperatura na distância medida.

5.1.2 Aplicação de um medidor de nível em função das condições do processo

Um medidor de nível ultrassónico é utilizado para medir níveis em recipientes fechados e tanques abertos, incluindo canais (Fig. 31).

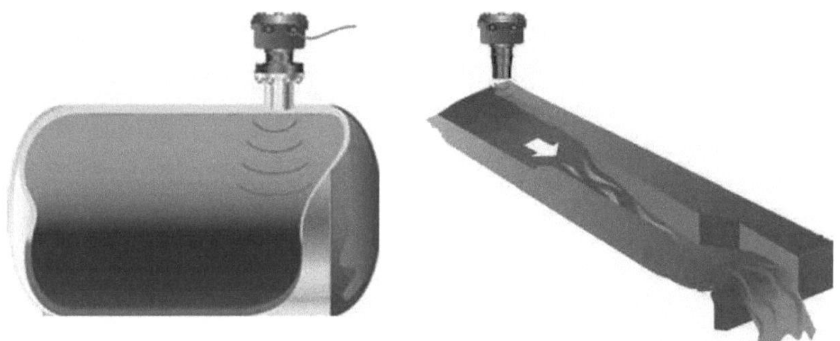

Arroz. 31. Exemplos de medição de nível com um medidor de nível ultrassónico

Ao instalar e operar um medidor de nível ultrassónico, é necessário ter em conta os seguintes factores principais que levam à distorção do resultado da medição devido à dispersão e absorção do sinal.

- Efeito da superfície do líquido.

Os líquidos com espuma podem enfraquecer o nível do sinal de eco, porque a espuma é um mau refletor dos ultra-sons. Por isso, é aconselhável instalar o aparelho num local onde a superfície do líquido esteja sempre limpa.

Uma ligeira turbulência da superfície do líquido geralmente não cria problemas durante as medições. Na maioria dos casos, o efeito da turbulência é bastante reduzido, e mesmo uma turbulência grave pode ser compensada ajustando localmente o indicador de nível.

Pode ser utilizado um tubo de destilação para eliminar os efeitos da turbulência e da espuma.

- Efeito da conceção do tanque.

Os agitadores podem criar funis. Para obter o sinal de eco mais forte, é necessário instalar o medidor de nível longe do centro do funil. Se o nível do líquido descer abaixo das lâminas do agitador, também ocorrerão ecos falsos quando as lâminas rodarem e atravessarem o feixe ultrassónico.

Utilizando um algoritmo de software, o transmissor de nível pode ser configurado localmente para ignorar esses falsos ecos.

6 Medidores de nível por radar de micro-ondas

Os medidores de nível por radar são o meio mais universal de medição de nível e, tal como os medidores de nível acústicos, utilizam o fenómeno de reflexão das oscilações electromagnéticas do plano da interface líquido-gás (Fig. 32).

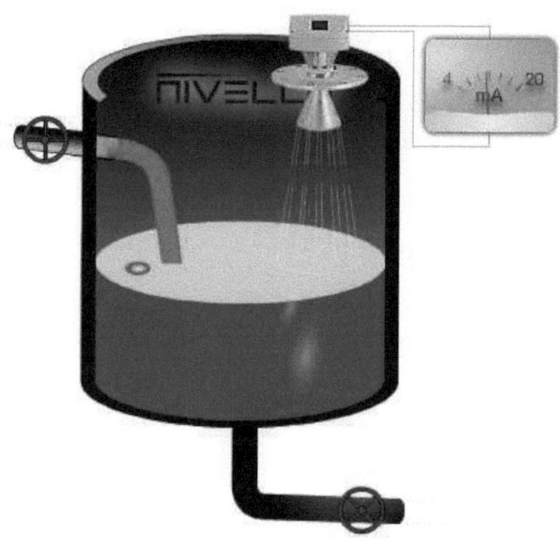

Arroz. 32. Tanque com medidor de nível por radar de micro-ondas, fabricante Nivelco, Hungria [6]

Os sensores de nível por radar não têm qualquer contacto com o objeto medido. Isto permite-lhes ser utilizados em condições difíceis, em particular, a alta pressão, altas temperaturas, quando os vapores e gases estão acima da superfície. Podem também ser utilizados para medir o nível de líquidos agressivos, viscosos, heterogéneos e materiais a granel. Distinguem-se dos medidores de nível ultra-sónicos sem contacto pela sua muito menor sensibilidade à temperatura e à pressão no recipiente de trabalho, às suas alterações, bem como pela sua maior resistência a fenómenos como o pó, a evaporação da superfície controlada e a formação de espuma. Os medidores de nível por radar têm uma precisão elevada (até ± 1 mm), o que permite a sua utilização em sistemas de transferência de custódia. Os modernos medidores de nível por radar são dispositivos "inteligentes" que combinam tanto a medição como a parte e o processamento do sinal recebido (Fig. 33, 34). Muitas vezes, são dispositivos de interface. Ao mesmo tempo, um fator limitante significativo na utilização de medidores de nível por radar continua a ser o elevado custo destes dispositivos.

Arroz. 33. Radar transmissor de nível BM 702-FMCW fabricado por KROHNE (Alemanha)

Arroz. 34. Transmissor de nível por radar Micropilot M FMR 230 fabricado por Endress+Hauser (Alemanha)

O sensor de nível é construído com base no princípio do radar. Trata-se de um dos métodos clássicos de medição de distâncias por radar (radar) que permite minimizar a influência das interferências parasitas e das interferências associadas a desníveis (inquietação) da superfície do objeto medido.

Vantagens:

- As ondas de rádio também se podem propagar no vácuo, não são afectadas pela temperatura, pressão, humidade, espuma/nevoeiro/pó, tipo de material (líquido/sólido), densidade, valor da constante dieléctrica, ambiente quimicamente agressivo, condutividade, alteração das propriedades do material causada pelo processo de aglomeração, presença de superfícies móveis [19];
- medição fiável de materiais em pó, mesmo durante o enchimento do recipiente;
- medição do nível de líquidos durante a formação de espuma em condições de pressão crescente;

Defeitos:

- as ondas electromagnéticas são absorvidas (e não reflectidas) pelos dieléctricos (plástico, vidro, papel, etc.);
- a constante dieléctrica da substância a medir deve ser superior a 1,6;
- adesivos podem causar falhas.

6.1 Tipos de medidores de nível por micro-ondas e seu princípio de funcionamento

Atualmente, são amplamente utilizados dois tipos de medidores de nível de micro-ondas: pulso e chirps modulados em frequência, em transcrição estrangeira - FMCW (Frequency Modulated Continuous Wave).

O gerador de micro-ondas do sensor de nível FMCW gera um sinal de rádio, cuja frequência varia com o tempo de acordo com uma lei linear. Este sinal é emitido na direção do objeto medido (a superfície do meio), e parte do sinal é refletido a partir dele após um certo tempo, dependendo da velocidade da luz e da distância à superfície do produto, regressando à antena. O sinal emitido e o refletido são misturados no sensor de nível e, como resultado, forma-se um sinal cuja frequência é igual à diferença entre as frequências do sinal recebido e do sinal emitidoΔf 0 1, respetivamente, é proporcional ao tempo de propagação e, consequentemente, à distância da antena ao objeto medido (Fig. 35) [13].

O processamento adicional do sinal é realizado pelo sistema de microprocessador do sensor de nível e consiste em determinar com precisão a frequência do sinal resultante e recalcular seu valor no valor do nível de enchimento do tanque. O processamento de sinais em sensores de nível, como regra, é construído usando processadores de sinais digitais e, devido a isso, é realizado em tempo real sem acumulação de informações a longo prazo.

O sinal refletido e, por conseguinte, o sinal resultante, que contém informações sobre o nível do objeto medido, contém também vários ruídos e componentes parasitas, o que se deve ao facto de a medição ser efectuada em condições reais de possíveis perturbações na superfície do produto medido, reflexões incompletas do sinal de rádio e sua absorção parcial pela superfície do produto medido, contaminação da antena do medidor de nível. Por conseguinte, o sinal resultante é submetido a uma análise espetral, o que permite uma supressão muito eficaz das falsas reflexões e interferências. Assim, com alta precisão, o ULM da empresa Limako (Rússia).

Isto determina a frequência do sinal resultante correspondente ao nível do objeto medido.

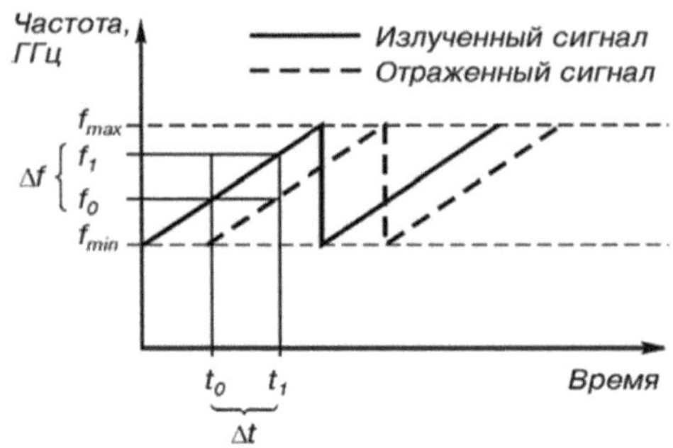

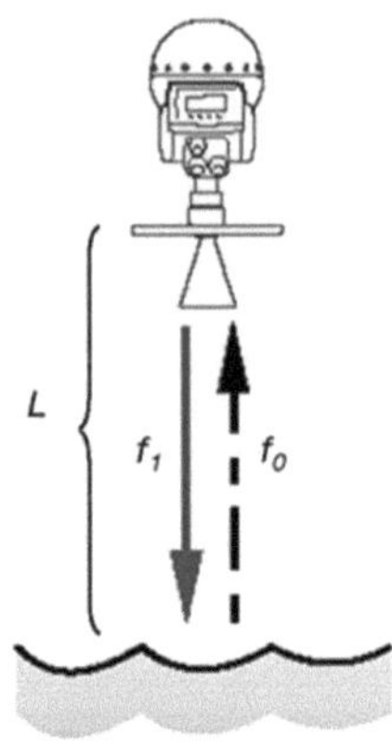

Arroz. 35. Princípio de medição da distância à superfície

Os medidores de nível por micro-ondas pulsadas emitem um sinal curto num modo pulsado, enquanto o sinal refletido é recebido nos intervalos entre os impulsos da radiação original. O sinal do radar é emitido pela antena e refletido pelo alvo (no nosso caso, a superfície do meio) regressa após um tempo de atraso t. O dispositivo calcula o tempo de viagem dos sinais para a frente e para trás e determina o valor da distância à superfície controlada utilizando a expressão$t/2$, Onde - velocidade. Os medidores Micropilot M nível L=c . c da Endress+Hauser (Alemanha) funcionam segundo o princípio da radiação pulsada.

A frequência de radiação é o parâmetro mais importante de um medidor de nível por radar, determinando as suas capacidades potenciais. Quanto maior for a frequência, mais estreito será o feixe e maior será a energia de radiação e, consequentemente, mais forte será a reflexão. Atualmente, existem no mercado medidores de nível por radar que operam na gama de frequências 6...95 GHz. Estes medidores de nível têm antenas diferentes, têm caraterísticas de design e usam métodos de processamento de sinal diferentes, mas a regra funcional é válida para todos: as dimensões da antena, a largura do feixe de medição e a frequência de radiação estão estritamente relacionadas [20].

Os medidores de nível de alta frequência permitem medir o nível de meios com baixa constante dieléctrica e, portanto, baixa refletividade. São também convenientes em contentores onde existem vários equipamentos que reduzem a zona livre para o funcionamento do radar. Ao mesmo tempo, os medidores de nível de alta frequência são mais sensíveis a fenómenos como poeira, evaporação, agitação da superfície do meio de trabalho, adesão de partículas do meio à superfície da antena devido à dispersão mais intensa do sinal. Nestas condições, os medidores de nível com uma frequência de 5,8...10 GHz funcionam melhor.

Outra caraterística importante que afecta a formação do sinal é o tamanho e o tipo de antena. Distinguem-se os seguintes tipos de antenas: corneta (cónica), haste, tubular, parabólica, plana. Quanto maior for a antena, mais forte e mais estreitamente dirigido é o sinal que emite e, ao mesmo tempo, melhor é a receção do sinal refletido.

O tipo mais universal de antena é uma corneta. É utilizada, regra geral, em grandes contentores, permite trabalhar com uma vasta gama de meios em termos de constante dieléctrica, é aplicável em condições difíceis e proporciona uma gama de medição até 35...40 m (em condições de superfície calma)

A antena de haste é utilizada em pequenos contentores com meios quimicamente agressivos ou produtos higiénicos, bem como em casos em que o acesso ao contentor é limitado pelo tamanho reduzido do bocal. O alcance de medição é de até 20 m. A superfície da antena de haste é coberta com uma camada de isolamento protetor.

A antena tubular é um guia de ondas alongado incorporado. Permite gerar o sinal mais forte através da redução da dispersão e é utilizada em casos particularmente difíceis na presença de fortes perturbações na superfície do meio ou de uma grande camada de espuma espessa, ou para meios com baixa constante dieléctrica. A antena tubular é adequada para uma pequena gama de medição de nível.

Os tipos de antena planar e parabólica proporcionam uma precisão particularmente elevada (até ± 1 mm) e são utilizados em sistemas de transferência de custódia.

6.1.1 Descrição do Medidor de Nível Radar Rosemount

Transmissores de nível por radar da série 5600 da empresa Emerson Process Management (EUA) - dispositivos inteligentes para medições sem contacto do nível de vários produtos em tanques e contentores de qualquer tipo e tamanho (Fig.36).

Especificações do medidor de nível de radar da série 5600 [Manual //www.metran.ru]:

- Meios de medição: produtos petrolíferos, álcalis, ácidos, solventes, soluções aquosas, bebidas alcoólicas, suspensões, argila, cal, minérios e polpa de papel, materiais granulares de minério a grânulos de plástico, materiais em pó fino, cimento, etc.

- Gama de medição: 0 a 50 m.

- Sinais de saída: 4-20 mA com sinal digital na base

Protocolo HART ou FoundationTM Fieldbus

- Disponibilidade de conceção à prova de explosão.

- O intervalo de validação é de 1 ano.

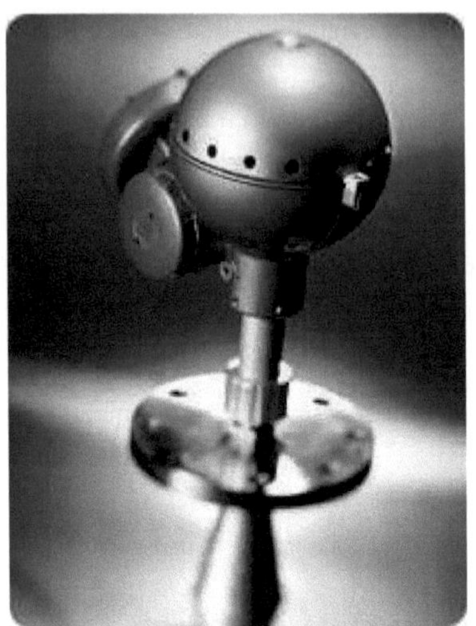

Arroz. 36. Transmissor de nível por radar Rosemount Emerson Process Management (EUA)

Os medidores de nível da série 5600 são recomendados para a medição de processos de produtos com um erro de medição de nível de ±5 mm. Podem ser utilizados para medir o nível de produtos com baixa constante dieléctrica, funcionam numa vasta gama de temperaturas e pressões, têm uma elevada flexibilidade de medição devido a uma vasta seleção de antenas e materiais substituíveis, são fáceis de manter e controlar, o que, em conjunto, reduz os custos de manutenção e propriedade em geral.

O princípio de medição implementado nos transmissores de nível da série 5600 é baseado no método de modulação de frequência linear (FMCW). O transmissor de nível utiliza uma frequência de operação de 10 GHz, o que ajuda a reduzir a sensibilidade aos efeitos do vapor, espuma, contaminação da antena, e o ângulo de radiação permanece sempre pequeno, o que minimiza a probabilidade de falsas reflexões das paredes e outras fontes de interferência localizadas dentro do tanque. Isto permite minimizar os requisitos para a instalação do dispositivo na cisterna.

Além disso, o medidor de nível pode ser equipado com um painel de visualização fácil de utilizar, que permite a monitorização operacional dos valores medidos e calculados, executa funções de configuração básicas e, além disso, fornece a capacidade adicional de ligar sensores de temperatura.

Um indicador como o diâmetro do "ponto" de medição D é especialmente importante se existirem dispositivos e equipamentos adicionais no tanque (escadas, vedações, lâminas de agitação, aquecedores, etc.) (Fig.37).

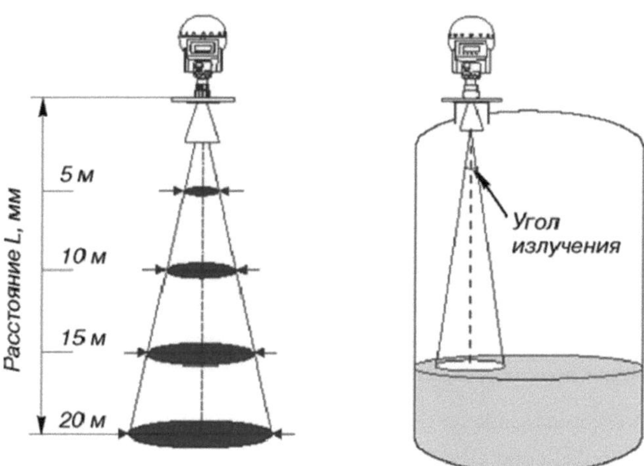

Arroz. 37. Indicador de propagação de sinais de radar

O ângulo de radiação do medidor de nível depende dos tipos e tamanhos da antena utilizada nas medições. O valor do ângulo deve ser utilizado para excluir da zona de propagação do sinal de radar vários objectos e elementos estruturais internos do reservatório que possam afetar a medição mais eficaz do nível.

6.1.2 Aplicação de um medidor de nível em função das condições do processo

Dependendo das condições de aplicação e dos requisitos específicos do processo tecnológico, o medidor de nível pode ser equipado com vários tipos de antenas. A antena é uma das partes mais importantes do medidor de nível e é o único elemento em contacto com a atmosfera do tanque (Fig. 38).

As antenas de cone selado de 4" e 6" não são recomendadas para aplicações em tanques com condições turbulentas.

Antena em cone (Fig. 38, A).

Concebido para uma vasta gama de aplicações, incluindo condições em que existe um elevado risco de falsas reflexões. Recomendado para instalação em reservatórios com livre propagação de sinal e para instalação em dispositivos de retenção e de derivação.

Antena com vedação do processo (lente de isolamento) (Rice.38, b).

Concebida para reservatórios que contenham produtos higiénicos ou produtos químicos agressivos. A antena cónica é protegida da atmosfera do tanque por uma lente de Teflon ou cerâmica. A parte exterior da antena é feita de um material adequado para utilização em condições sanitárias ou quando se trabalha em ambientes agressivos.

Antena parabólica (arroz.Rice.38, c). Concebida para a medição do nível de todos os tipos de líquidos e sólidos. Para evitar a acumulação de poeiras em depósitos com cimento, etc., a antena é protegida por um invólucro elástico de teflon. A utilização de uma antena parabólica proporciona um ângulo de radiação mínimo em comparação com outros tipos de antenas.

Antena de haste (Rice.38, d). É utilizada para pequenos tanques com produtos higiénicos ou químicos agressivos, para tanques de qualquer geometria com tubos estreitos e um pequeno ciclo de diferença de nível durante o processo de medição. A flange no depósito pode ser utilizada como ligação ao depósito.

A gama de medição depende do tipo de meio a medir, do tipo de antena, da constante dieléctrica (εr) e das condições do processo (condições da superfície). Para medir o nível num tanque com um ambiente calmo, o limite superior da gama de medição varia de 15 a 50 m, para um tanque com uma superfície perturbada (condições turbulentas) - de 5 a 20 m (os valores mais elevados são típicos para antenas cónicas e parabólicas de 8"). Valores de alcance válidos para medições com propagação livre do sinal sem a utilização de tubos de retenção (câmaras de derivação).

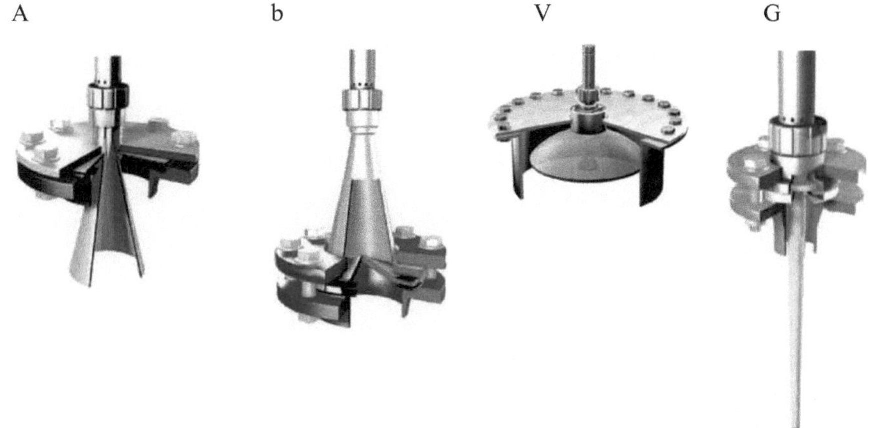

Arroz.38. Tipos de antenas de radar de medição de nível:

a - antena cónica; b - antena com uma lente isoladora; c - antena parabólica; g - antena de haste

Para líquidos com ε_r inferior a 1,8 (tais como gases liquefeitos), recomenda-se a utilização de uma antena cónica de 8" de diâmetro se a medição for efectuada com um sinal de propagação livre. Neste caso, o alcance de medição em tanques com uma superfície silenciosa será tipicamente igual a 15 m. Pode ser utilizado um tubo imóvel para aumentar o alcance de medição em tanques com superfícies de fluido turbulentas. Para transmissores de nível de tubo imóvel Modelo 5600, a faixa de medição típica é de 35...50 m em tanques com superfícies de fluido turbulentas. O valor de ε_r é menor que 1,8.

6.1.3 Exemplos de aplicação

Exemplo 1 (Fig. 39). Os transmissores de nível da Série 5600 utilizam tecnologia avançada de micro-ondas para fornecer medições de nível altamente fiáveis e precisas de líquidos e lamas. Os medidores de nível são utilizados numa vasta gama de temperaturas e pressões, em misturas de vapor e gás e em várias condições de processo. Recomendado para medir níveis de produtos em tanques de várias geometrias.

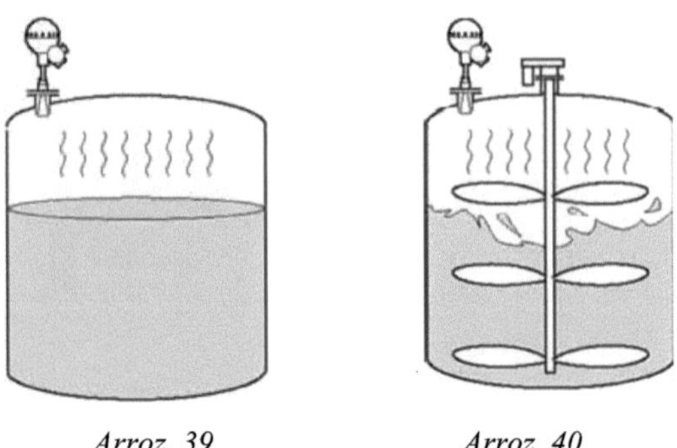

Arroz. 39 *Arroz. 40*

Exemplo 2 (Fig. 40). Ao medir o nível em recipientes de processo agitado, recomendamos a utilização do Medidor de Nível por Radar Série 5600 com a sua elevada sensibilidade e processamento de sinal avançado para filtrar o eco/sinal de medição do ruído de perturbação.

Exemplo 3 (Fig. 41). A antena de haste é adequada para instalação em pequenos bocais em tanques com ciclos de medição curtos. Exemplo 4 (Fig.42). Para reservatórios de GPL onde por vezes se observa ebulição superficial, bem como para alguns

Nalgumas condições particularmente turbulentas, recomenda-se a instalação de um tubo de despressurização ou de dispositivos de derivação.

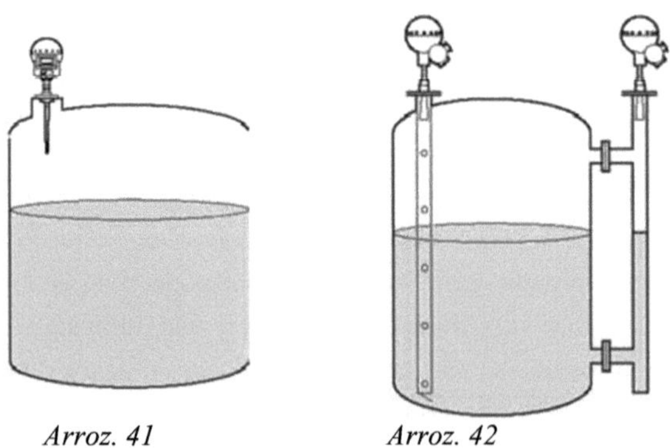

Arroz. 41 *Arroz. 42*

A utilização de um tubo reduz a formação de espuma e a turbulência, e também aumenta a força do eco/sinal refletido da superfície.

Exemplo 5(arroz.43). O transmissor de nível da série 5600 é utilizado para medições de nível de materiais sólidos, como o cimento, que têm uma refletividade de radar extremamente baixa. Esta aplicação requer a antena mais sensível disponível (antena parabólica de 18" de diâmetro).

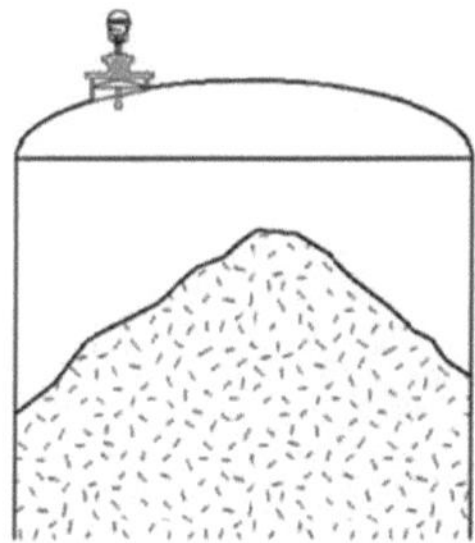

Arroz. 43

7 Medidores de nível de reflexo (guia de ondas)

Os medidores de nível Reflex são concebidos para medir o nível, a distância e o volume de líquidos, pastas e produtos a granel, bem como a separação de fases de produtos líquidos (Fig. 44, 45).

Medidores de nível reflexivos (guia de ondas) baseados no princípio de funcionamento

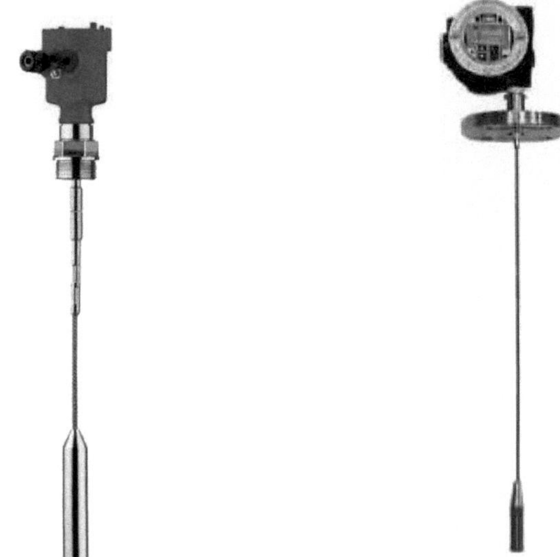

Arroz. 44. Sensores de nível do tipo guia de onda KSR-GT da KSR Kuebler Niveau-Messtechnik AG (Alemanha)

Arroz. 45. Medidor de nível de onda guiada para líquidos MT5000 da K-TEK (EUA)

são semelhantes aos medidores de nível por radar, mas o impulso eletromagnético não se propaga num meio gasoso, mas ao longo de uma sonda especial - um guia de ondas. Podem ser utilizadas as seguintes sondas: uma haste, um cabo, um grupo de cabos ou um cabo coaxial. A medição direcional do nível por micro-ondas é utilizada nos casos em que a utilização de outros dispositivos é difícil, por exemplo, os dispositivos ultra-sónicos podem falhar devido ao elevado teor de poeiras ou à energia insuficiente reflectida por produtos secos a granel ou espuma espessa [21].

A tecnologia de ondas guiadas tem uma série de vantagens sobre outros métodos de medição de nível, uma vez que os impulsos de radar são virtualmente imunes à composição do meio, à atmosfera do tanque, à temperatura e à pressão. Isto permite-lhe utilizar os medidores de nível pFlexible em condições mais severas: temperaturas elevadas, ebulição a alta pressão, forte borbulhamento do líquido, tanques com um agitador em funcionamento, vapores e gases acima da superfície do líquido. Uma vez que os impulsos de radar são direcionados ao longo da sonda em vez de se propagarem livremente por todo o tanque, a tecnologia de guia de ondas pode ser utilizada com sucesso em tanques pequenos e estreitos, bem como em tanques com bocais estreitos [22].

7.1 Princípio de funcionamento

Este sensor de nível utiliza impulsos electromagnéticos que viajam ao longo de uma guia de ondas e são reflectidos a partir da fronteira de uma alteração acentuada da constante dieléctrica, o que significa a fronteira entre o ar e o produto (Fig.46). Os impulsos emitidos têm uma potência muito baixa e estão concentrados ao longo da sonda, pelo que quase não se perde energia emitida. Isto significa que a intensidade (amplitude) do sinal refletido será praticamente a mesma, independentemente do comprimento da sonda.

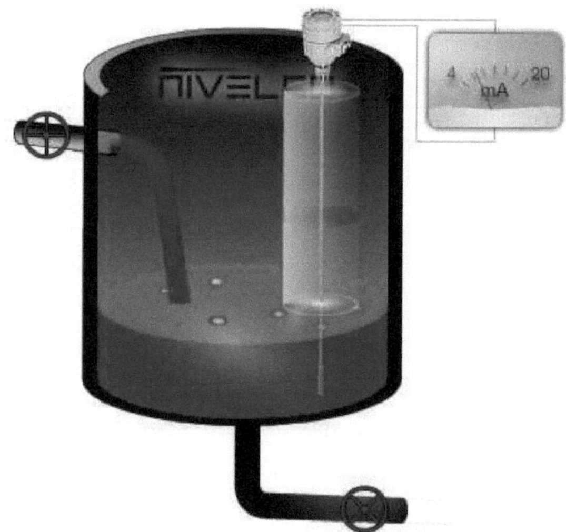

Arroz.46. Tanque com indicador de nível de reflexo, fabricante Nivelco, Hungria

Os impulsos de radar de micro-ondas de nanossegundos de baixa potência são direcionados para uma sonda imersa no fluido do processo. Quando um impulso de radar atinge um meio com uma constante dieléctrica diferente, parte da energia do impulso é reflectida na direção oposta (arroz.47). A diferença de tempo entre o momento da transmissão do pulso de radar e o momento da receção do eco/sinal é proporcional à distância de acordo com a qual o nível do líquido ou o nível da interface de dois meios é calculado [13].

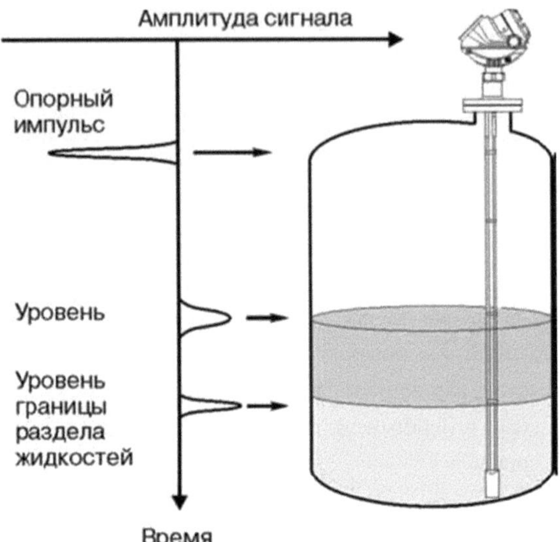

Arroz.47. Tipo de propagação de impulsos de radar no ambiente de medição

A intensidade do eco/sinal refletido depende da constante dieléctrica do meio. Quanto maior for a constante dieléctrica, maior será a intensidade do sinal refletido.

Para medir o nível da interface entre dois meios, o medidor de nível utiliza a energia residual do impulso da primeira reflexão. Parte da energia do impulso não é reflectida a partir da superfície do meio superior, mas continua a mover-se no meio até ser reflectida a partir da superfície do meio inferior, e a velocidade de propagação da onda depende completamente da constante dieléctrica do meio superior.

7.1.1 Descrição do transmissor de ondas guiadas Rosemount

Rosemount Série 5300Emerson Process Management (EUA)é um transmissor de nível com guia de onda de dois fios para medir o nível e o nível da interface de líquidos, bem como o nível de suspensões e meios granulares sólidos (Fig. 48). A série Rosemount 5300 proporciona uma elevada fiabilidade e caraterísticas de segurança avançadas, facilidade de utilização e possibilidades ilimitadas de ligação e integração em sistemas de controlo automatizados.

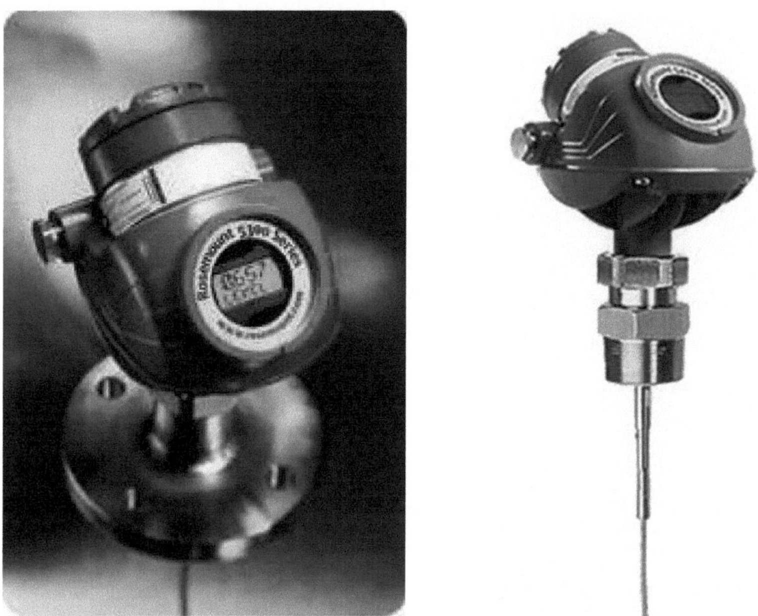

Arroz. 48. Medidor de nível por onda guiadaEmpresas de RosemountEmerson Process Management (EUA)

Caraterísticas Transmissor de ondas guiadas da série Rosemount 5300 [6]:

- Meios de medição: líquido (óleo, produtos petrolíferos escuros e claros, água, soluções aquosas, gás liquefeito, ácidos, etc.); a granel (plástico, cinzas volantes, cimento, areia, açúcar, cereais, etc.).
- Gama de medição do nível: de 0,1 a 50 m.
- Sinal de saída: 4-20 mA com protocolo de sinal digital baseado em HART ou Foundation™ Fieldbus.
- Disponibilidade de conceção à prova de explosão.
- O intervalo entre verificações é de 2 anos.
- Incluído no registo estatal de instrumentos de medição com o n.º 38679, certificado n.º 32768.

Os transmissores de nível Rosemount Série 5300 são utilizados com sucesso nas seguintes indústrias: química e petroquímica; petróleo e gás; pasta/papel;

farmacêutica; indústria alimentar e produção de bebidas; controlo de água potável e águas residuais; energia (barragens e centrais hidroeléctricas).

Os transmissores de nível Rosemount Série 5300 oferecem os seguintes benefícios:

➢ a precisão da medição não depende da constante dieléctrica, da densidade, da temperatura, da pressão e do pH;

➢ ampla gama de medição e medições de alta qualidade de meios com baixo coeficiente de reflexão (constante dieléctrica a partir de 1,4);

➢ Vários tipos de sondas permitem que o medidor de nível seja utilizado em tanques de diferentes geometrias e com estruturas internas;

➢ adequado para medir o nível de sólidos a granel (grânulos, pós);

➢ possibilidade de medição simultânea do nível e do nível de interface de dois líquidos;

➢ a capacidade de medir em processos de alta temperatura, processos de alta pressão e ambientes altamente agressivos;

➢ fiabilidade das medições em condições de elevada turbulência ou vibração, formação de poeiras e vapores.

A Emerson está também a introduzir o Transmissor de Nível por Radar de Ondas Guiadas Rosemount 5300 numa conceção criogénica. Esta conceção é adequada para o armazenamento de gases líquidos a baixas temperaturas até - 196 °C, tais como: gás natural, etano, propano, butano, etileno, vários gases inertes (árgon, néon, xénon), dióxido de carbono e depósitos móveis. O dispositivo possui vários graus de proteção contra a temperatura e a pressão. A ligação a dois fios simplifica a instalação e reduz os custos de instalação.

7.1.2 Aplicação de um medidor de nível em função das condições do processo

A gama de medição do transmissor de ondas guiadas Rosemount 5300 depende do tipo de sonda e das condições específicas do processo, e a geração de eco pode ser afetada por

- A presença de estruturas internas no reservatório junto à sonda.
- Os meios com uma constante dieléctrica mais elevada (εr) reflectem melhor e, por conseguinte, têm uma gama de medição maior.
- A presença de espuma e partículas na atmosfera do tanque pode degradar a qualidade da medição.
- Para um desempenho ótimo de uma sonda de fio único em reservatórios não metálicos (por exemplo, betão ou plástico), a sonda deve ser montada com uma flange

metálica.

- Uma superfície calma proporciona uma melhor reflexão do que uma superfície turbulenta, pelo que o intervalo de medição para uma superfície turbulenta será menor.
- Presença de interferências electromagnéticas no depósito.
- Evite operar o transmissor de nível em aplicações com meios que causem forte acumulação/contaminação da sonda, pois isso pode reduzir a faixa de medição e levar a erros de medição de nível. Para meios viscosos e pegajosos, a escolha correta da sonda é de particular importância. Pode ser necessária uma limpeza periódica.

Em função das condições do processo, é utilizado um dos cinco tipos de sondas: coaxial, rígida de haste dupla, rígida de haste simples, flexível de dois fios e flexível de um fio (Fig. 49). A escolha da sonda é determinada pelas propriedades do fluido (densidade, viscosidade, agressividade), cujo nível deve ser medido.

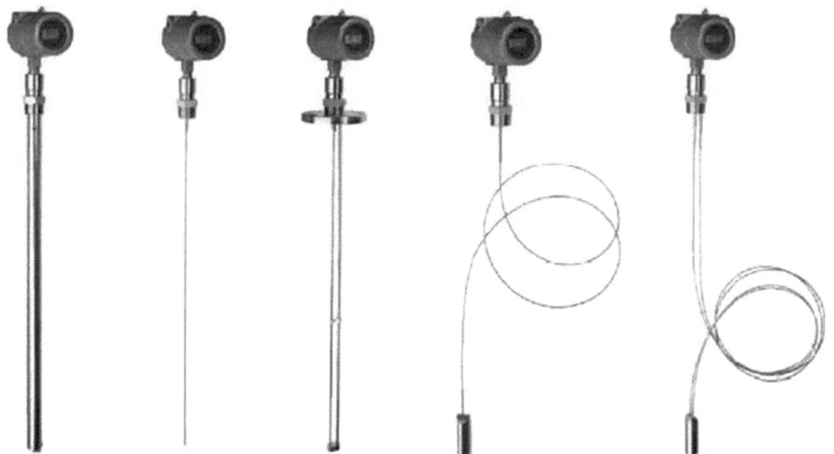

Arroz.49. Tipo de sondas de um medidor de nível de ondas guia

Sonda coaxial.

Proporciona a mais elevada relação sinal/ruído. O alcance máximo de medição quando se utiliza uma sonda coaxial é de 6 m.

Sondas rígidas de dois fios ou sondas flexíveis de dois fios.

A sonda de haste dupla com hastes rígidas é adequada para medições até 3 m. A sonda flexível de dois fios tem um alcance de medição até 23,5 m.

Sondas rígidas de haste única ou sondas flexíveis de chumbo único. Menos susceptíveis à adesão e acumulação de meios.

Uma sonda de haste simples (com uma haste rígida) é recomendada para medições na gama até 3 m, e uma sonda flexível de fio simples - até 23,5 m. Além disso, pode ser encomendado um sensor de nível para medições de meios agressivos (ácidos, álcalis, soluções salinas). Série 3300 com sondas feitas de materiais especiais: Hastelloy, Monel e revestidas a PTFE.

1. O meio adere à superfície da sonda.

A aderência do meio à superfície da sonda pode levar a uma diminuição da sensibilidade do medidor de nível e a erros de medição. Ao utilizar um transmissor de nível para medir o nível de meios viscosos ou pegajosos, é importante selecionar o tipo de sonda correto. Se a sonda for selecionada incorretamente, poderá ser necessária uma limpeza periódica para evitar leituras pouco fiáveis.

Para líquidos viscosos e pegajosos, são recomendadas sondas de PTFE. PTFE - revestimento antiaderente, anti-adesivo e resistente à agressividade (politetrafluoroetileno (Teflon)).

O erro máximo de medição devido à contaminação/acumulação pode ser de 1/10%, dependendo do tipo de sonda, da constante dieléctrica, da espessura e da altura de acumulação na superfície da sonda.

2. Salteadores.

Ao utilizar uma sonda de duas hastes, dois fios ou coaxial, tenha em atenção que, ao medir meios pegajosos ou quando existe uma camada de superfície pegajosa, pode ocorrer um curto-circuito entre a bainha e a haste interna da sonda coaxial ou entre as hastes/os fios da sonda. Isto resultará numa medição de nível incorrecta. Para estes fluidos de processo, recomenda-se a utilização de sondas de fio simples ou de haste simples.

3. Espuma.

A precisão da medição do nível da espuma depende das propriedades da espuma: leve e arejada ou densa e pesada, constante dieléctrica alta ou baixa, etc. Se a espuma for condutora e cremosa, o medidor de nível pode medir o nível da superfície da espuma. Se a condutividade da espuma for baixa, as ondas de rádio penetrarão na espuma e o medidor de nível registará o nível superficial do líquido.

4. Vapor.

Em alguns casos (por exemplo, ao medir níveis de amoníaco), existe vapor espesso acima da superfície do produto que pode afetar a medição do nível do líquido. O Transmissor de Nível por Radar Série 5300 pode ser configurado para compensar o vapor.

7.1.3 Exemplos de aplicação

A Série Rosemount 5300 oferece os benefícios de medições fiáveis e fiáveis numa vasta gama de aplicações. Os transmissores de nível da Série 5300 são adequados para aplicações em muitas indústrias de processo, petróleo e gás, petroquímica, química, geração de energia, tratamento de água e tratamento de resíduos. A tecnologia de guia de ondas da Série 5300, aliada a uma engenharia inovadora, torna-a resistente a condições de processo variáveis. Os transmissores de nível da série 5300 praticamente não têm restrições de instalação.

Materiais a granel (Rice.50, a). O modelo 5303, com uma sonda flexível de fio único, foi concebido para medições de materiais a granel com constantes dieléctricas baixas (até 1,4). Estão disponíveis sondas para cargas de tração (peso) elevadas. O 5300 é adequado para a medição de materiais em pó, tais como cimento, cinzas volantes, grânulos, materiais plásticos, tais como PVC, grãos, cereais, etc. A gama de medição é de até 50 m.

Medição em tanques com turbulência, vapor e estruturas internas (Fig. 50, b). A série Rosemount 5300 fornece continuamente informações de nível em ambientes onde outros dispositivos falhariam. Graças à tecnologia patenteada de comutação direta, o sinal recebido é duas/cinco vezes mais forte do que outros transmissores de nível de onda guia. O resultado é um desempenho superior na presença de objectos interferentes, acumulação de sonda, espuma, vapor e turbulência.

Minimização do risco nas condições de funcionamento mais severas (Fig. 50, V).

A Série Rosemount 5300, com um design de sonda robusto para condições extremas (alta pressão e temperatura), fornece medições de alta confiança em tanques ou câmaras de derivação. Exemplos incluem colunas de destilação, refinarias de petróleo, etc. As medições não são afectadas por variações na densidade de meios de baixa refletividade ou pela conceção de câmaras de derivação.

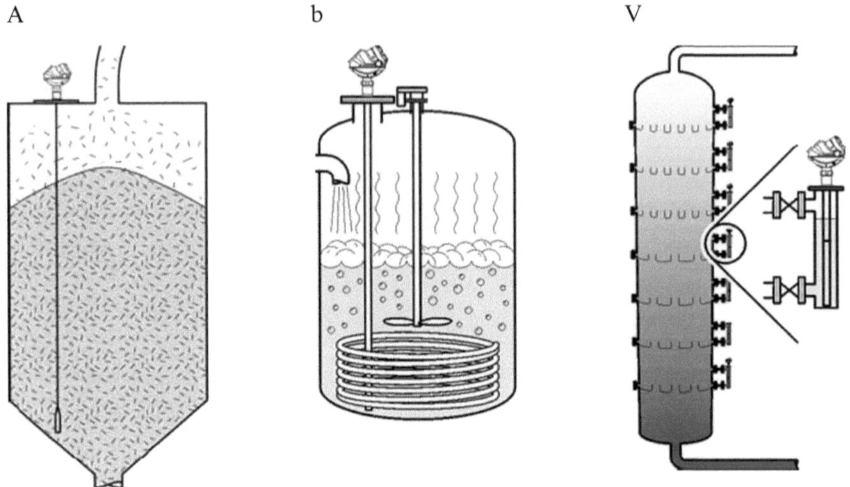

Arroz.50. Medição de nível em várias condições

Melhor desempenho para medições de gás liquefeito (arroz.51, A). A Série Rosemount 5300 é excelente para aplicações de gás liquefeito porque a eletrónica do transmissor pode ser reparada e removida sem comprometer a vedação do tanque. As amplas gamas de medição permitem a operação em grandes tanques com gases de petróleo liquefeitos, condensados de gás e amoníaco.

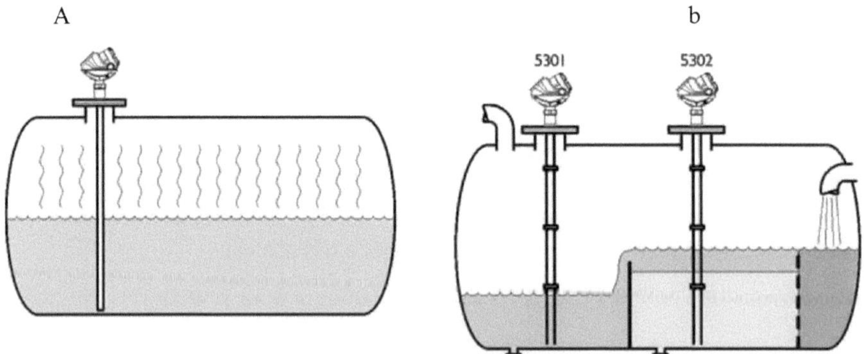

Arroz. 51. Medição do nível em várias condições

Os transmissores de nível da série 5300 também são adequados para aplicações de turbulência e mistura.

Medição simultânea do nível e da interface de duasQuarta-feira (arroz.51, *b*). Na utilização um medidor de nível A série Rosemount 5300 pode medir tanto o nível superior do fluido como o nível da interface. Exemplos de tais aplicações são separadores, tanques de decantação, etc. Desta forma, pode ser evitada a utilização de equipamento adicional no tanque. Utilize os transmissores de nível Rosemount da Série 5300 com uma sonda de um único cabo para medições fiáveis de meios pegajosos, como o petróleo bruto. Vantagens quando se trabalha em instalações subterrâneas (Fig. 52).

As sondas utilizadas nos transmissores de nível Rosemount Série 5300 são adequadas para instalação e funcionamento em bocais de instalação altos e estreitos ou perto de objectos. Isto permite que o transmissor de nível funcione em tanques subterrâneos, onde o espaço para a instalação de equipamento é normalmente limitado.

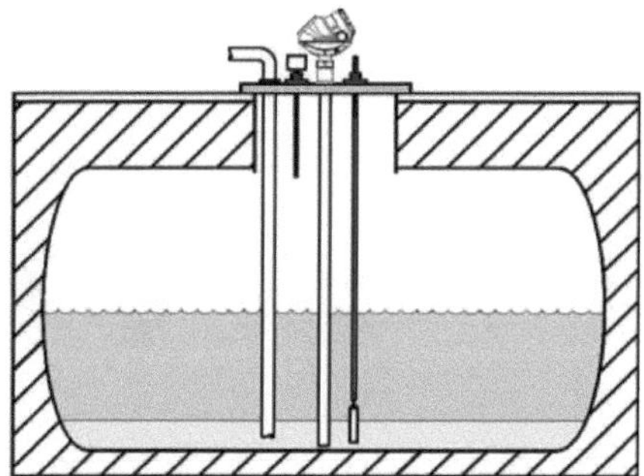

Rice.52.Medição de nível em diversas condições

8 Medidores de nível de radioisótopos

Os medidores de nível de radioisótopos são utilizados para a medição precisa de nível sem contacto em condições de processo difíceis (Fig. 53). A radiação gama fornece um sistema simples e fiável para a monitorização não destrutiva do nível de líquidos, sólidos ou lamas, independentemente do tamanho e da forma do tanque. Os sensores de radiação não requerem penetração no volume do produto ou no tanque.

Uma vez que a medição é efectuada fora do reservatório de retenção de líquidos, o medidor gama não é suscetível a temperaturas e pressões elevadas, corrosão, abrasivos, fumos ou poeiras que possam afetar ou mesmo destruir o instrumento que é introduzido no meio a medir. Apesar de sua alta eficiência, este método de medição de nível é o último a ser utilizado devido ao seu alto custo e requisitos especializados.

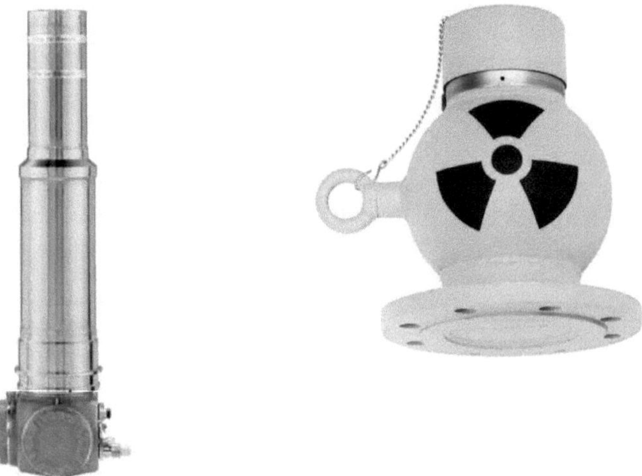

Arroz. 53. Medidor de nível de radioisótoposGammapilot M FMG60 e contentor da fonte, Endress+Hauser

Os medidores de nível radioisotópicos são utilizados para medir o nível de líquidos e materiais a granel em contentores fechados e dividem-se em dois grupos:

- com sistema de rastreio, para medição contínua do nível;
- dispositivos de sinalização (indicadores) para o desvio do nível em relação ao valor fixado.

A utilização de instrumentos com emissores de radioisótopos é aconselhável quando outros métodos de medição não são adequados. No entanto, dada a capacidade de uma fonte radioactiva transmitir radiação a um tanque de aço típico, trabalhar com ela exigirá autorizações especiais, medidas para garantir a segurança radiológica do pessoal operacional e a segurança da fonte, bem como a formação dos operadores, pelo que esta solução técnica requer uma análise cuidadosa e uma preparação preliminar [24, 25].

As unidades de deteção "estendidas" (até 2 m de comprimento) de alta sensibilidade para o registo das radiações gama, recentemente surgidas, permitem, na maioria dos casos, abandonar a utilização de fontes especializadas de radiações ionizantes de alto nível e criar fontes respeitadoras do ambiente, baseadas em radionuclídeos naturais (sais de potássio). fontes de radiação [26].

O método de medição de nível por radioisótopos permite, em condições de parâmetros ambientais particularmente rigorosos no interior de equipamentos de processo, controlar e medir o nível com elevada precisão e estabilidade.

Vantagens do método de medição do nível de radioisótopos:

– Medição contínua e sem contacto do nível de qualquer produto.

– Aplicação mesmo nas condições de processo mais severas: alta pressão, alta temperatura, alta corrosividade, toxicidade, abrasividade.

– É utilizado em todos os recipientes industriais com equipamento estrutural dentro do espaço controlado: reactores, autoclaves, separadores, tanques de ácido, misturadores, ciclones, fornos de cúpula.

– Ligação ao sistema através de protocolos abertos.

– Utilizado em sistemas de segurança para determinar o nível limite.

Defeitos:

– É necessário um licenciamento para a possibilidade de utilizar dispositivos com fontes de radiação.

– Manutenção adicional

O medidor de nível é utilizado nas indústrias mineira, química e metalúrgica, bem como em empresas do ciclo do combustível nuclear.

8.1 Princípio de funcionamento

O princípio de funcionamento baseia-se no grau de absorção dos raios gama que atravessam a substância no tanque, passando acima ou abaixo da interface entre dois meios de densidades diferentes. Uma fonte radioactiva de radiação gama é colocada num dos lados do tanque. No outro lado, são montados sensores semelhantes a um contador Geiger para ler as leituras de nível. O recetor e o emissor de radiação deslocam-se ao longo de toda a altura do contentor em correias especiais, utilizando um motor elétrico reversível. O conjunto do dispositivo é composto por três blocos: um conversor que contém uma fonte e um recetor de radiação; uma unidade eletrónica; um dispositivo de indicação. Se o sistema de medição (fonte e recetor de raios γ) estiver localizado acima do nível do meio a ser medido, a absorção da radiação é fraca e um sinal forte chegará do recetor através do cabo para a unidade de controlo. Com base neste sinal, o motor elétrico receberá um comando para baixar o sistema de medição. Quando o nível do meio diminui, a absorção dos raios γ aumenta acentuadamente, o sinal na saída do recetor diminui e o motor elétrico começa a elevar o sistema de medição. A precisão das medições é determinada pelo número de sensores, pelo que este método é normalmente utilizado para registar os limites superior e inferior.

Assim, a posição do sistema de medição acompanhará o nível no contentor (mais precisamente, estará em oscilação contínua em torno do nível medido). Esta posição, sob a forma do ângulo de rotação do rolo, é convertida pelo dispositivo de medição num sinal unificado - tensão de corrente contínua U.

Por exemplo, como parte de um medidor de nível de radioisótopos montado numa central nuclear

O "TETRA" (Ucrânia) inclui uma unidade de fonte de raios gama, uma unidade de deteção, uma unidade de correspondência, um conversor de temperatura, um dispositivo de indicação e um painel de regulação (Fig. 54, 55).

Objetivo dos blocos:

- o bloco da fonte de raios gama é utilizado para acomodar a fonte de radiação ionizante e proteger o pessoal operacional da radiação;
- a unidade de deteção é concebida para registar os quanta gama e convertê-los em impulsos eléctricos com uma amplitude normalizada;
- a unidade de correspondência regista os impulsos provenientes da unidade de deteção e transmite a informação acumulada através da interface RS-485;

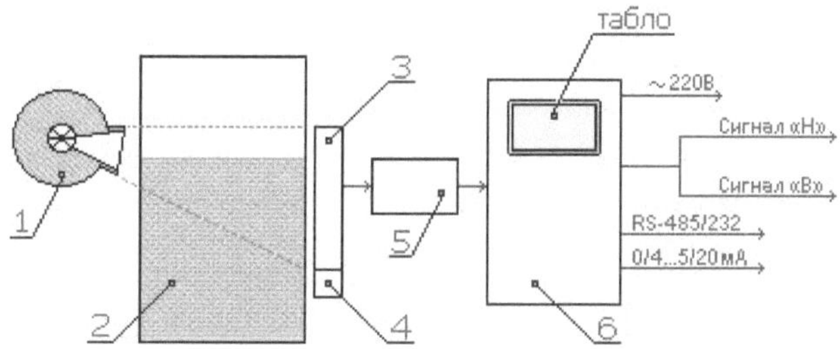

Arroz.54. Medição de nível utilizando um bloco de fonte gama:
1 - bloco da fonte gama; 2 - contentor, tremonha (aparelho);
3 - unidade de deteção; 4 - conversor de temperatura; 5 - bloco de correspondência; 6 - dispositivo de visualização

– o conversor de temperatura monitoriza as alterações de temperatura da unidade de deteção e inicia a introdução de alterações corretivas às caraterísticas de calibração do medidor de nível;

– A consola de configuração tecnológica permite a configuração e o ajuste autónomo dos parâmetros do indicador de nível diretamente no local de instalação das unidades de deteção;

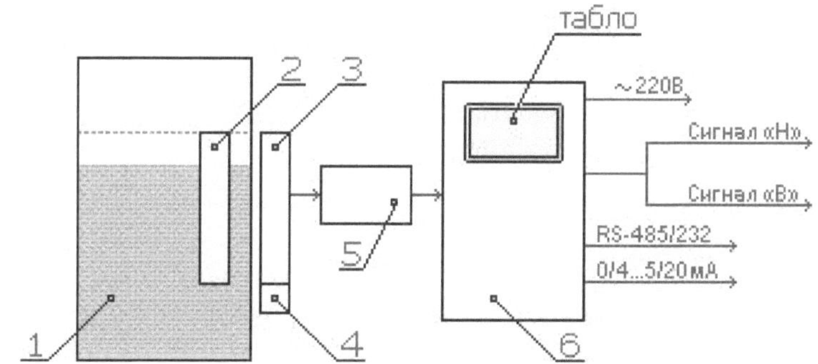

Rice.55.Medição de nível utilizando uma fonte de segurança alargada:1 - recipiente, tremonha, (aparelho); 2 - fonte alargada (recipiente selado cheio de KCl); 3 - unidade de deteção; 4 - conversor de temperatura; 5 - bloco de correspondência; 6 - dispositivo de visualização

– o dispositivo de visualização processa a informação proveniente da unidade de calibração, armazena as caraterísticas de calibração numa memória não volátil, calcula os valores de nível, gera sinais de saída de corrente e de interface para posterior transmissão a sistemas automatizados de controlo de processos e apresenta também os valores de nível obtidos num ecrã digital de cristais líquidos.

9 Principais tipos de interruptores de nível

Os interruptores de nível, ao contrário dos sensores de nível, destinam-se exclusivamente a sinalizar e monitorizar os níveis superior e inferior do meio medido. Os alarmes têm grandes vantagens sobre os sensores de nível: o alarme não é afetado pela turbulência ou vibração do processo. Os interruptores de nível são adequados para quase todos os tipos de líquidos devido à enorme escolha de materiais para as partes molhadas [27].

Os alarmes também podem ser utilizados em líquidos viscosos, como betume e xarope de chocolate. Neste caso, deve compreender-se que o alarme exigirá uma manutenção constante e que o tempo de limpeza será bastante longo, o que pode levar à paragem do processo. Os dispositivos de sinalização têm uma série de restrições quanto à densidade do líquido medido; normalmente, a densidade do líquido não deve exceder 600 kg/m3. O intervalo de densidade recomendado para estes alarmes é de 0,2 a 10.000 cP.

Também deve ser lembrado que, em quase todas as aplicações, os alarmes podem suportar muito bem a presença de espuma, mas há casos em que, sob a influência da espuma, os alarmes começam a produzir sinais falsos. Trata-se normalmente de tipos de espuma muito densos, que o alarme detecta como líquido.

Os interruptores de nível geram um sinal elétrico quando o nível do material monitorizado atinge, sobe acima ou desce abaixo de um determinado nível especificado relativamente à altura da instalação do sensor. Os exemplos incluem: proteção contra enchimento excessivo, proteção de equipamento em funcionamento a seco, verificação dos níveis de enchimento mínimo e máximo dos depósitos.

São propostos os seguintes controlos para determinar o nível-limite:

- interruptores de boia,
- Interruptores de fim de curso com elemento sensível vibratório,
- interruptores condutométricos,
- interruptores capacitivos,
- sondas magnéticas submersíveis.

O quadro 1 apresenta os principais tipos de meios para determinar o nível-limite e o âmbito da sua aplicação [9].

Quadro 1

Principais tipos de ferramentas de determinação do nível-limite

Nível de controlo das instalações	Definição de nível-limite	
	Líquidos	Materiais a granel
Flutuador desligarChatéis	Sim	Não
Interruptores de fim de curso vibratórios	Sim	Sim
Interruptores condutométricos	Sim	Não
Interruptores capacitivos	Sim	Sim
Sondas de imersão magnética	Sim	Não

O quadro 2 do apêndice A resume as principais caraterísticas, vantagens e desvantagens dos métodos de medição de nível acima referidos.

10 Seleção da tecnologia de medição de nível

A medição da quantidade de líquido ou sólido num tanque é uma das principais tarefas do controlo de processos. As circunstâncias em que é necessário determinar o próprio nível são muito menos comuns [28]. Regra geral, na maioria dos casos é necessária informação sobre o valor atual do volume.

A escolha da técnica de medição deve começar com uma análise do processo tecnológico e a determinação da informação necessária:

1. Número de níveis controlados.

A medição do nível de enchimento pode ser contínua, ou seja, não está ligada a um ponto específico. Neste caso, o enchimento do contentor é apresentado como uma percentagem do volume real do meio medido em relação ao volume total do contentor, que é considerado como 100%. Existe também um método discreto para monitorizar um ponto diretamente selecionado, vários pontos ou um ponto com pequenos desvios. Alarme de limite alto/baixo para evitar o transbordo ou o esvaziamento completo do reservatório, controlo de nível multiponto com um determinado número de pontos de alarme.

2. Ambiente de medição.

As propriedades do meio ambiente desempenham frequentemente um papel determinante na escolha do tipo de sensor-relé. Os meios podem ser líquidos ou granulares, que por sua vez se dividem em condutores eléctricos e não condutores eléctricos. A condutividade eléctrica é um indicador importante na escolha de dispositivos que funcionam segundo o princípio da resistência variável e segundo o princípio capacitivo. Além disso, o ambiente pode ser agressivo, viscoso ou com sedimentação. Estes factores também são importantes.

A medição dos níveis de sólidos é difícil porque os pós e os materiais granulares nem sempre assentam completamente. Podem cobrir superfícies internas ou formar "vazios de descarga" perto dos pontos de saída. Isto, dependendo da tecnologia, pode levar a leituras pouco fiáveis. As caraterísticas dos líquidos tornam a tarefa muito mais fácil, mas os líquidos também podem ter problemas de sedimentação devido à formação de suspensões ou à presença de resíduos insolúveis nos mesmos. Além disso, a espuma, a turbulência e mesmo o pó podem induzir em erro quando se utilizam métodos de medição reflectivos, e as caraterísticas dieléctricas podem afetar as leituras dos sensores capacitivos.

3. Tipo de contentor.

A forma e o material do contentor, bem como a localização, ou seja, o acesso ao mesmo, são indicadores importantes para a escolha de um sistema de medição e de um método de instalação. Por exemplo, se o contentor for subterrâneo, então o acesso ao mesmo só é possível a partir de cima. Nestas condições, o controlo de nível com sensores de flutuação é difícil, e os sensores capacitivos ou de mudança de resistência devem ser montados verticalmente. Por conseguinte, o comprimento necessário dos sensores deve ser selecionado para essa instalação.

Se o conteúdo for altamente reativo ou se a cisterna estiver sob alta pressão, o que poderá ser difícil de penetrar, e se não estiver disponível uma sonda ou um canal adequado, poderão ser necessárias modificações no projeto.

4. Exatidão das medições.

Normalmente, a questão da exatidão das medições aplica-se apenas às medições contínuas. Dependendo da dimensão do reservatório, as medições podem ser muito exactas ($\pm<1\%$), mas isso implica custos significativos. A necessidade de efetuar medições precisas numa gama alargada num grande tanque é rara.

Uma das formas mais simples e fiáveis de determinar o nível de enchimento de uma cisterna é pesá-la. Este é o único método que fornece o valor real da massa, independentemente de se conhecerem as dimensões internas da cisterna. O grau de enchimento da cisterna pode ser determinado utilizando extensómetros colocados sob o seu suporte, subtraindo o seu próprio peso. Este método é adequado para qualquer tipo de conteúdo e na ausência de interferência de tubos ou outras ligações e pode fornecer medições altamente precisas.

Distinguem-se os seguintes quatro tipos de problemas de aplicação, com as correspondentes soluções técnicas recomendadas para cada um deles.

1. Medição pontual do nível de líquidos:

- Método capacitivo.
- Condutométrico.
- Flutuador
- Vibratório.

2. Medição contínua do nível de líquidos:

- Hidrostática.
- Flutuador
- Ultrassónico.

- Radar.

3. Medição pontual de meios granulares:

- Método capacitivo.
- Vibratório.

4. Medição contínua do nível de sólidos:

- Método ultrassónico.
- Radar.

Para selecionar um indicador de nível, os fabricantes e distribuidores recomendam o preenchimento de formulários especiais para a seleção preliminar (Fig. 56) e de questionários (Apêndice B)

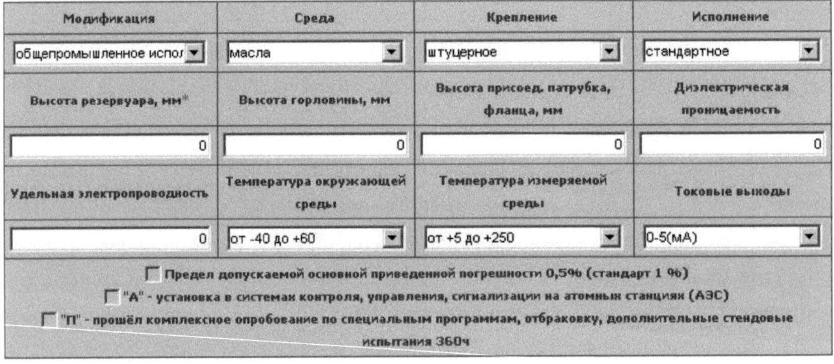

Модификация	Среда	Крепление	Исполнение
общепромышленное испол	масла	штуцерное	стандартное
Высота резервуара, мм*	Высота горловины, мм	Высота присоед. патрубка, фланца, мм	Диэлектрическая проницаемость
0	0	0	0
Удельная электропроводность	Температура окружающей среды	Температура измеряемой среды	Токовые выходы
0	от -40 до +60	от +5 до +250	0-5(мА)

Предел допускаемой основной приведенной погрешности 0,5% (стандарт 1 %)

"А" - установка в системах контроля, управления, сигнализации на атомных станциях (АЭС)

"П" - прошёл комплексное опробование по специальным программам, отбраковку, дополнительные стендовые испытания 360ч

Arroz. 56. Formulário de seleção do indicador de nível

Com base em questionários de fabricantes de sensores de nível, pode ser compilado o seguinte algoritmo para selecionar um sensor.

1. Determinar o tipo de reservatório com o fluido a medir.

- O material de que é feito o reservatório pode afetar os sensores capacitivos; outros dispositivos não são afectados pelo material do reservatório.
- Instalação vertical/horizontal, a maioria dos sensores são instalados verticalmente.
- De acordo com a sua localização, o depósito pode ser - interno;

- exterior;
- subterrâneo;

2. Determinar as caraterísticas do ambiente de trabalho.

- Temperatura e pressão do ambiente de trabalho.

Por exemplo, a maioria dos sensores de flutuador tem uma temperatura de funcionamento superior a 100 °C e os sensores de reflexo até 600 °C. Para trabalhos a altas pressões, também é melhor escolher medidores de nível reflexivos.

- Agressividade do ambiente.

Os sensores de nível por radar não têm contacto com o produto, o que permite a sua utilização com produtos agressivos em condições severas (alta pressão, altas temperaturas, vapores e gases acima da superfície). Em comparação com os medidores de nível ultra-sónicos, os medidores de nível por radar são capazes de fornecer uma maior precisão de medição e têm uma zona morta mais pequena.

- Possibilidade de corrosão das peças em contacto com o produto ou de penetração do vapor do produto no dispositivo com subsequente condensação.

Existem sensores com uma capa protetora contra a corrosão e a condensação.

- Possibilidade de aderência do produto às partes de contacto dos elementos

Para meios pegajosos, recomenda-se a utilização de medidores de nível de vibração.

- Conceção à prova de explosão (para produtos petrolíferos).
- A presença de uma superfície fervilhante e espumosa.

O princípio da utilização de sensores de radar permite a sua utilização em condições de poeira, fumos e formação de espuma.

- Elevada precisão.

Os sensores de nível magnetostrictivos caracterizam-se por uma precisão de medição da ordem de 0,02%, 0,005%.

- A necessidade de respeitar as normas sanitárias, por exemplo, no que respeita à água potável ou aos produtos alimentares.

Alguns tipos de interruptores de limite de vibração têm uma saída de relé (limiar) especificamente para as indústrias alimentar e farmacêutica

- A necessidade de determinar o nível de interface de dois líquidos.
- Gama de medição.
- Tipo de sinal de saída.

11 Referências

1. Rachkov M.Yu. Meios técnicos de automatização. - M.: MGIU, 2007. - 186 p.

2. Ivanova G.M. Medições e instrumentos térmicos. - M.: MPEI, 2007 - 458 p.

3. Catálogo de produtos. Medidores de nível //www.afriso.ru

4. Nikitin O. Nível sob controlo //www.energyland.info

5. CaesarBonetti SPA Sinaliza o nível dos líquidos // www.rfcorsa.ru

6. Catálogo de produtos //www.rospribor.com

7. Catálogo. Sensores de nível //www.sensoren.ru

8. Catálogo de sensores de nível de líquido //www.sensorica.ru

9. Victor Zhdankin. Alarmes de mudança de nível //www.cta.ru

10. Zaitsev S.A., Gribanov D.D., Tolstov A.N., Merkulov R.V. Instrumentação e instrumentos. - M.: Academia, 2009.- 464 p.

11. Dispositivos Instrumentação e automatização. Medição e regulação do nível // www.kipia.ru

12. Artigos. Método da boia de medição de nível na produção industrial //www.technoline.ru

13. Manual //www.metran.ru

14. Manual de instruções do transmissor de nível com deslocador EZ Modulevel //www.ural-test.ru

15. Catálogo de produtos //www.td-automatika.ru

16. Catálogo de produtos //www.kipspb.ru

17. Frieden J. Sensores modernos: um livro de referência. - M.: Tekhnosphere, 2006. - 588 p.

18. LiebermanV.V., Lichkov G.G. Medidores de nível por radar. Passado, presente, futuro // Sistemas de controlo automático industrial e controladores. - 2006. - N.º 8. - pp. 57-60.

19. Diretório. Instrumentos de medição de nível //www.rossens.ru

20. Liberman V.V. Medição de nível com medidores de nível por radar // Automação na indústria. - 2009. - No. 6. - P. 34-38.

21. Kulakov M.V. Medidas técnicas para a produção química. - M.: Alliance, 2008. - 424 p.

22. Shandrov B.V. Chudakov A.D. Meios técnicos de automatização. - M.: Academia, 2010 - 362 p.

23. Doroshko V.V. Tecnologia avançada para a medição de nível sem contacto // Industrial automated control systems and controllers. - 2006. - No. 3. - P. 46-48.

24. ShermanV.S. Level gauges keep increasing and increasing their level // Industrial automated control systems and controllers: monthly scientific and technical production magazine. - 2003. - No. 12. - P. 53-58.

25. GOST 21497-90. Medidores de nível de radioisótopos. Condições técnicas gerais. M.: Standards Publishing House, 1990 - 19 p.

26. Catálogo de aparelhos de controlo de radiações e processos

//www.tetra.ua

27. Medidores de nível, Equipamento de campo //www.transmitters.ru

28. Seleção de sensores de nível //www.controlengrussia.com/

Apêndice A

quadro 2

Principais caraterísticas, vantagens e desvantagens dos métodos de medição de nível

Tipo de medidor de nível	Meio a ser medido	Medidas de alcance	"Prós" medidor de nível	"Desvantagens" do indicador de nível
Radar	Diversos produtos judaicos, viscosos, ruidosos, mais do que negativos, precipitantes de perdas e explosivos, incluindo número de produtos petrolíferos	De 0,5 a 50 m De -40 a +100 °C Até 1,6 MPa	Alta precisão, estabilidade de medição, localização conveniente no tanque	Medições inconvenientes quando a superfície do produto está a ferver ou a borbulhar
Ultrassónico	Líquidos em ebulição, líquidos fumegantes, líquidos com espuma; matérias sólidas a granel	De 0,2 a 12 m -30 a +60 °C 0,3 a 3 bar	Alta segurança contra interferências; bombeamento convenientemente localizado no tanque	Inconveniência de medir líquidos formadores de espuma
Hidrostáticos	Relacionado,elm-liquids	De 2 a 100 m -10 a 16 °C De 0,1 a 16 bar	Preço baixo; pró-custo de construção	Baixa precisão de medição; aplicação limitada
Bóias	Combustível, óleos, produtos petrolíferos	Até 10 m de -60 a +400 °C até 700 bar	Precisão de medição em líquidos espumosos	Dependência da leitura da densidade do líquido; instalação dispendiosa e exploração posterior
Flutuador	Líquidos (incluindo os de baixa densidade)	Até 25 m -40 a +130 °C Até 25 bar	Elevada precisão; independência das leituras do estado da superfície do produto	Dificuldade de instalação; Dependência da leitura da densidade média
Capacitivo	Líquido (óleos, refrigerantes líquidos), a granel (grânulos até 5 mm)	De 0,2 a 20 m 0...70 °C	Fiabilidade, elevada precisão	Incapacidade de trabalhar em meios viscosos (pegajosos)

Óhmico	Fios eléctricos - quaisquer líquidos	Até 5 m +10...60 °C Até 10 bar	Alta precisão, baixo custo	Impossibilidade de utilização em meios viscosos, que cristalizam, formam precipitados sólidos e aderem aos eléctrodos do transdutor
Guia de ondas	Líquidos, interfaces entre dois líquidos	Até 32 m -100 a +400 °C -1 a +160 bar	Várias opções de design, a capacidade de medir sob quaisquer condições de superfície caraterísticas do produto	Preço elevado
Radioisótopo	Quaisquer produtos		Pode ser utilizado em todos os recipientes industriais: reactores, autoclaves, separadores, tanques de ácido, misturadores, ciclones, fornos de cúpula	Requer equipamento de segurança adicional para o pessoal

Apêndice B

Опросный лист для выбора уровнемеров Rosemount

Информация о заказчике	
Предприятие:	Промышленность:
Адрес:	
Ф.И.О.	Должность:
Тел. / факс:	e-mail

Требуемое измерение	Требования к датчику
☒ Уровень ☒ Раздел фаз ☒ Объем ☒ (другое)	Погрешность: ☐ Встроенный дисплей Исполнение: Выходной сигнал:

Предпочтительный тип датчика

☐ Бесконтактный радарный уровнемер	☐ Контактный волноводный радарный уровнемер	Количество:

Информация о процессе

Наименование процесса:

Наименование измеряемой среды: Плотность среды: кг/м³

Диэлектрическая проницаемость: ☐1,6 - 2 ☐ 2 - 3 ☐ 3 - 10 ☐ >10

Температура процесса: Мин. Норм. Макс. °C

Температура окружающего воздуха: Мин. Норм. Макс. °C

Давление процесса: Мин. Норм. Макс. атм

Вязкость: ☐ cP ☐ cCт ☐ ________ При температуре: °C

Турбулентность процесса:

Причина турбулентности: ☐ перемешивание ☐ налив ☐ завихрения

Примерное колебание уровня из-за турбулентности: мм

Скорость изменения уровня при наливе: мм/с | Скорость изменения уровня при сливе: мм/с

Агрессивность среды:

Имеет ли среда какие-либо из следующих характеристик? (Отметить все, имеющие место)

☐ Насыщена газом (Аэрирована) ☐ Может обволакивать смачиваемые детали

☐ Многофазная жидкость (заполнить таблицу ниже) ☐ Пары могут обволакивать не смачиваемые поверхности

☐ Возможна кристаллизация / ☐ налипание ☐ Имеется твердый осадок

Объем над жидкостью имеет: (Отметьте все категории, имеющие место в процессе)

☐ Водяной пар ☐ Подушку инертного газа

☐ Тяжелые пары продукта ☐ Пыль

☐ Легкие пары продукта ☐ Тенденцию к конденсации на поверхностях

Пена: Примерная толщина слоя: мм

Какие категории точнее всего описывают пену в данном случае?

☒ Легкая пена, большие пузыри, обилие воздуха (как-то: пена от пробулькивания воздуха через среду).

☒ Смесь плотной и легкой пены. Четкий раздел фаз с жидкостью (как-то: пена в стакане пива).

☐ Плотная пена, маленькие пузырьки. Четкий раздел фаз с жидкостью (пример: крем для бритья).

☐ Очень плотная пена, может удерживать немного жидкости или твердой фракции.

☐ Плотная или легкая пена, но имеет слой эмульсии между пеной и жидкостью.

Только многофазные применения

Верхний продукт: Нижний продукт:

Диэлектрическая проницаемость верхнего продукта: (точное значение!) Диэлектрическая проницаемость нижнего продукта: (точное значение!)

Толщина слоя верхнего продукта мм

Данные о резервуаре		
☐ Открытый резервуар	☐ Закрытый резервуар	☐ Вентилируемый резервуар

Существуют ли какие-либо ограничения для монтажа уровнемера?

☐ Нет ограничений	☐ Монтаж только сбоку
☐ Монтаж только сверху	☐ Только окно
☐ Монтаж только снизу (со дна)	

Геометрические размеры (просьба указывать единицы измерения)		
A. Высота Резервуара:	мм	
B. Диаметр Резервуара:	мм	
C. Минимальный Уровень:	мм	
D. Максимальный Уровень:	мм	
E. Высота нижнего отбора (высокого давления)	мм	
F. Высота среднего отбора (низкого давления):	мм	
G. Высота верхнего отбора:	мм	
H. Расположение верхнего штуцера от стенки:	мм	
		Объем: м3

Технологическое соединение с процессом, Верхний отбор (G)			
Фланцевое присоединение		**Резьбовое присоединение**	
Размер фланца		**Тип и размер резьбы**	
☐ DN50 PN40 ☐ DN80 PN40 ☐ DN100 PN16 ☐ DN100 PN40	☐ DN150 PN16 ☐ DN200 PN16 ☐	☐ 1,5" NPT ☐ 1" NPT ☐ G 1 ½ " ☐ G 1"	

Ответный фланец:

Шеф- надзор: *(Если шеф-надзор необходим, смотрите Приложение 1)*

Questionário para os comutadores de nível VEGA

Company - customer: ____________

Contact person (full name, job title): ____________

Contact tel., Fax: ____________ Email: ____________

Environment	Open air	Temperature (min...max), °C:	Room

Measurable product:	Liquid	Loose Size granules mm	Name:
	Temperature (min...max), °C:		Pressure, bar:
	Viscosity, mPa sec:		Density, g/cm3:

Installation method:	Vertical	Horizontal

Explosion protection	No	Ex ia *	Ex d**

*- only with electronics Z (2-wire for connection to VEGATOR) or with N (NAMUR signal)
**- only with aluminum housing and ½NPT cable entry

Electronics:	Proximity switch	Double relay (DPDT)	Transistor exit (NPN/PNP)	2-wire to connect	Signal NAMUR

Type	Flange	Flange size	DN:		PN:	
	Form	flat	projection	depression	thorn	groove	Other:

Thread	G¾A	G 1 A	G1½A	Other:

Tri-Clamp 1"	Tri-Clamp 2"	Cap nut DN40PN40 DIN11851

Housing material for electronics:	Plastic	Aluminum	Aluminum Exd	Stainless steel

Alarm rod:	Length: mm*	Material: Stainless steel Hastelloy C4 Monel
		Coating: No Enamel Fluoroplastic

* - with explosion protection type Exd, the maximum length is 2956 mm (only for VEGASWING)

Setting:	Standard	For detection of solids in water(only for signaling devices of the VEGAVIB and VEGAWAVE series)

Special cleaning (no oil, grease or silicone) + 3.1 certificate	Yes	No
Certificate for material 3.1/ NACE0175 compliance	Yes	No
Manufacturing acc. NACE MR 0175	Yes	No
SIL qualification	Yes	No

Identificational		Metal plate		Sticker		No
Name positions:						

Quantity, PC.:	

Notes:

Questionnaire for radioisotope level transmitter (continuous measurement)

General Information

Company______________________________________
________________________Address____________________
________________________The contact person____________
________________________Tel/Fax:____________________
________________________Quantity:
________________________Position:___________________

Vessel Information

Tank shape:
□ ⍰□❒♓⌘□■♦♋● ❑♓♎ External size: ____________________mm/mm
lindr
□ ⍰♏❒♦♓♍♋● ❑♓♎ Interior size/ID:_______________mm/mm
lindr
□ ⍰♦♒♏❒ ☎♋♦♦♋
♍♒ ♎❒♋⬧♓■♑♏
Required level measuring range/Level span:______________________ mm/mm

Tank walls	Description of material	Close to the source		Near the detector	
		Thicknes smm	Densityg/c m3	Thicknes smm	Densityg/c m3
Insulation					
External wall					
Coolingshirt					
Internalwall					
Internal insulation (cladding)					
Other					

From what consist walls
____
Are there internal objects or mechanisms blocking the passage of radiation?
□ no □ yes
If yes, please provide a drawing showing the location of these objects at 0% level and at 100% level
Is the phase separation between two substances measured?
□ ■□ □ ⌧♏⬧

Is there a gas phase? If yes, what substance?

____

What is its density?________________________________g/cm3/ g/cm3

Does the pressure inside the tank change? No

□♮♏•⬀♮

♏• ♋ ♐□□○

______kg /cm2/kg/cm2 up to___kg/cm2/kg/cm2

Process material data

Name of the measured material (solid, liquid, other):
Density (g/cm3)
Is there any adhesion of material to the walls of the tank no yes
If so, what is the thickness of the buildup?_____________mm. What is the density?____________g/cm3/g/cm3 When the tank is filled, does the material pass through radiation? □ ■□⬀♎□ □ ⌧♏•
If so, what is the thickness of the jet?__________________________mm/mm

Outputs

□ ▯▯▯▭ ○▯□▯♦▯♏□▯________________________________

Is an alarm required?____

Installation	
Where will the device be installed?	Explosion protection □ WITH explosion protection □ Without explosion protection
Temperature	From______before______

Are there other sources within a 16 meter radius?

□ ⌧♏• □ ■□⬀♎□

Power supply: 115 VAC 24VDC 230VAC

Detector/electronics version: integral version

□•♏□♋□♋♦♏ ☎□♏○□♦♏ ♏●♏♍♦□□■♓♍•

In the case of a separate version, the cable length between the detector and the electronics_____________m/m

Communication: HART communication module RS-485 RS-232

□○♦▯▯▯ ♋■♎ ○♦▯▯▯

□○♦▯▯ ♦□ ○♦▯▯ ♍□■❖♏□♦♏□

Printed by Books on Demand GmbH, Norderstedt / Germany